청소년을 위한
잘못 알기 쉬운 과학

청소년을 위한

잘못 알기 쉬운 과학

초판 1쇄 1994년 05월 30일
개정 1쇄 2023년 06월 27일
개정증보 1쇄 2026년 04월 21일

지은이 박재용, 조희형
발행인 손동민
디자인 강민영

펴낸곳 전파과학사
출판등록 1956. 7. 23 제 10-89호
주 소 서울시 서대문구 증가로18, 204호
전 화 02-333-8877(8855)
팩 스 02-334-8092
이메일 chonpa2@hanmail.net
홈페이지 http://www.s-wave.co.kr/
공식 블로그 http://blog.naver.com/siencia

ISBN 979-11-94832-52-2 (03400)

개정증보판

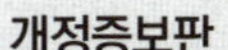

잘못 알기 쉬운 과학

박재용 · 조희형 지음

전파과학사

과학은 어느 학문보다도 합리적 분야로 인식되고 있다. 과학은 논리적 추론과 수학적 사고를 기초로 하는 과학적 방법을 통해 수행되며, 그 과정을 통해 발견된 자연의 진리들이 객관적 과학지식 체계를 이룬다는 것이다. 과학이 진정 이러한 속성을 지닌 학문이라면, 누구나 쉽게 가르치고 배울 수 있을 것이다. 과학적 방법은 기계적 과정을 익히고 몇 가지 기술만 습득하면 수행할 수 있기 때문이다.

과학적 방법이 철저한 기계적 절차에 따라 적용되는 것이라면, AI야말로 가장 이상적인 과학적 방법을 구현한 존재이자 어느 인간 과학자보다도 뛰어난 과학자가 될 수도 있을 것이다. 그러나 현재의 AI는 지금까지 축적된 자료와 그것을 바탕으로 한 수학적 연산과 로직(logic)을 넘어설 수 없는 수준이라는 점에 비추어 볼 때, 모든 과학자를 초월할 수는 없을 것이다. 현대의 과학은 논리적 추리나 수학적 계산 절차와 같은 기계적 과정으로만 실행되지 않으며, 대다수의 과학자는 비논리적인 상상력과 창의력을 발휘해 상승적 결과를 낼 수 있기 때문이다. 앞으로도 과학자들이 연구를 통해 발견한 정보는 AI가 이용할 자료가 되고, 과학적 성과가 늘어난 만큼 AI도 함께 발전할 것이다. 물론 지금의 청소년들이 과학자가 되어 얼마든지 통제할 수 있는 한계 안에서만 이루어질 가능성이 크다.

한편 AI를 뛰어넘는 과학자가 수행한 연구의 성공과 학생들이 학습을 통해 획득한 과학지식의 가치는 그들이 가지고 있는 과학적 방법과 과학지식을 포함한 과학의 본성에 대한 올바른 관점에 달려 있다. 과학적 연구와 과학 교수-학습은 그들의 사전지식과 잠재적 능력에 바탕을 두고 실행되기 때문이다. 그래서 이 책은 잘못 알기 쉬운 과학의 본성 및 과학지식을 짚어보고, 그와 함께 올바른 과학의 본성과 과학지식을 제시하고자 했다. 다루는 주제는 현행 과학과 교육과정(2022 개정 교육과정/과학과)의 내용에서 선정했으며, 가능한 한 학부모가 낮에 읽고 저녁에는 자녀들과 함께 밥상머리에서 깊은 전문 지식 없이도 이야기를 나누고 토론할 수 있는 수준으로 서술했다.

그런데 이 책에서 말한 '잘못 알기 쉬운 과학 개념', 즉 대안개념은 과학자의 과학지식과 다를 뿐이지 그것을 가지고 있는 학생들에게는 합리적으로 획득된 관념이며 자신의 인지구조에는 정합적인 지적 견해이다. 문제는 학생들이 대안개념을 통해서 자연을 보고 과학 교수-학습에 임한다는 데 있다. 그래서 동일한 자연현상을 보더라도 과학자와 다르게 해석하고, 동일한 주제에 관해 이야기하더라도 서로 다른 의미로 이해한다. 그러므로 학생들이 올바른 과학지식을 획득하기 위해서는 과학자의 지식과 비슷한 대안개념을 가지고 학습과 탐구에 임해야 한다. 이 책은 학생들이 가지고 있는 대안개념을 소개하고 그 대안개념과 관련된 과학자의 지식을 제시할 목적으로 썼다.

이 책이 나오기까지 많은 분의 도움이 있었다. 무엇보다 30여 년 동안 강원대학교 과학교육학부에서 함께한 학생들에게 감사의 마음을 전한다. 그들은 과학교육학 강의를 듣는 과정에서 과학의 본성과 과학적 개념에 관한 자신의 생각을 진솔하게 나누어 주었고, 그들과의 상호작용을 통해 이 책의 내용 또한 더욱 명료하게 정리될 수 있었다. 앞으로도 독자 여러분들이 과학의 본성과 과학지식에 관한 의견을 보내준다면 감사히 받아들이고, 다음 교정판에 적극적으로 반영하고자 한다.

마지막으로 전파과학사 관계자 여러분에게 깊은 사의를 표한다. 편집부에서는 다소 딱딱하고 현학적으로 느껴질 수 있는 글을 청소년은 물론 학부모 독자도 쉽게 이해할 수 있도록 친숙한 표현으로 다듬어 주었다. 또한 여러모로 어려운 여건 속에서도 교정판 출간을 흔쾌히 허락해 준 손동민 대표님께 다시 한번 감사드린다.

박재용, 조희형

머리말 5

01

과학에 대한 잘못된 생각

과학을 공부하는 학생과 과학에 관심을 가진 일반인은 물론, 과학을 전공하는 대학생과 과학자들 중에서도 과학의 본성(nature of science; NOS)을 제대로 이해하지 못하거나 잘못 알고 있는 경우가 많다. 이들은 과학이 무엇인지 명확하게 설명하지 못하거나 과학의 본성에 대해 편향된 견해를 드러내며, 과학지식의 속성(attribute)과 과학적 방법의 본성(nature)에 대해서도 잘못 알고 있다. 그 결과 그릇된 과학관과 과학지식을 통해 세상을 바라보는 경우도 다반사이다. 더 나아가 과학과 과학기술을 혼동하거나, 과학의 통일·통합·융합·통섭과 같은 개념을 서로 구분하지 못하는 사례도 흔히 발견된다. 이 장에서는 과학이 무엇인지 간단히 소개한 다음, 과학지식과 과학적 방법의 본성, 그리고 잘못 알기 쉬운 과학 개념의 속성에 관하여 기술한다.

1. 과학의 본성과 비합리성

우리나라의 한 국어사전에서는 과학을 '보편적 진리나 법칙의 발견을 목적으로 한 체계적 지식'으로 정의한다. 과학을 과학지식과 그것의 조직적 체계로 정의할 때, 과학은 학(學)과 같은 뜻을 나타낸다. 이 두 정의보다 더 넓은 의미에서 과학은 일반적인 '학문'을 총칭하는 말로 사용되며, 이러한 의미의 과학에는 사회과학도 포함된다. 한편 '학문'보다 더 좁은 의미에서의 과학은 주로 자연과학만을 가리킨다.

'과학(science)'이라는 말은 그 어원 및 역사적 배경과 깊은 관련이 있다. 영어 science는 '앎'을 의미하는 라틴어 *scientia*에서 유래했으며, *scientia*는 그리스어 *epistēmē*를 번역한 말이다. 현대적 의미의 과학·철학·신학이 통합되어 있던 고대 그리스 시대에 *epistēmē*는 플라톤(Platon, 기원전 427?~347)과 아리스토텔레스(Aristotle, 기원전 384~322)가 말한 대로 이성적이며 확실한 인식을 의미하는 개념으로 이해되었다.

중세에는 과학을 논리적이고 체계적 지식으로 인식했다. 이 시기에는 신학이 대표적인 과학으로 간주되었으며, 자연철학에서 자연을 다루는 과학은 형이상학적 질서나 신학적 질서의 한 분야로 이해되어 신학의 하위 영역으로 여겨졌다. 그러나 근대 과학혁명을 거치면서 과학은 자연철학에서 분리되었고, 자연 탐구에 적용되는 체계적 지식과 방법이라는 의미를 함축한 채, 자연을 연구하는 독자적 영역으로 자리 잡았다. 1800년대에는 영국의 과학사학자 윌리엄 휴얼(William Whewell, 1794~1866)이

'과학자(scientist)'라는 용어를 처음 사용함으로써, 경험적·실험적 방법을 사용한 합리적 과정을 통해 자연을 탐구하는 학문을 뜻하는 '자연과학'이라는 정식 학문적 분야가 확립되었다.

이어 19~20세기 초 실증주의(positivism)의 등장으로 과학은 합리적 학문으로 인식되었다. 이러한 인식의 바탕에는 실증주의가 제시한 가설-연역적(hypothetico-deductive) 방법의 속성과, 그 방법에 따른 과학지식의 형성과 검증 형식이 자리 잡고 있었다. 가설-연역적 방법은 귀납법과 연역법의 장점을 살려 개발된 종합적 방법으로, 귀납적 추리와 연역적 추리라는 객관적이고 논리적인 추론을 골격으로 한다.

한편 20세기 중반 이후부터 과학은 자연과학뿐만 아니라 사회과학까지 포괄하는 보다 넓은 개념으로 이해되었으며, 과학적 방법은 모든 학문 분야에 적용할 수 있는 모형으로 받아들여졌다. 이와 더불어 후실증주의자(postpositivist) 칼 포퍼(Karl Popper, 1902~1994), 토머스 쿤(Thomas Kuhn, 1922~1996), 러커토시 임레(Lakatos Imre, 1922~1974)는 과학의 방법, 합리성, 사회성 등 전통적으로 인식되어 온 특성을 후실증주의의 인식론적·방법론적 관점에서 재검토했고, 그 결과에 비추어 과학의 본성에 대한 전통적 견해를 비판했다.

후실증주의에서는 과학을 절대적이고 객관적인 진리를 탐구하는 학문으로 인정하기보다 비판적이며 상황의존적인 탐구로 이해한다. 과학은 사회적 상황과 역사적 맥락에서 사회적 합의(social consensus) 과정을 통해 이루어지는 학문이므로, 반드시 합리적 학문으로만 볼 수 없다는 주장이다. 토머스 쿤은 과학지식을 사회적 합의 과정을 통해 형성되는 구성물로 보았으며, 과학은 고대의 천동설이 근대에 지동설로 교체되듯이 패러다임(paradigm)의 기능을 하는 과학지식이 새로운 과학지식으로 대체되는 과정을 통해 발달한다고 주장했다. 칼 포퍼에 따르면 과학지식은 결코 확증될 수 없으며 오직 반증만이 가능하고, 과학은 이러한 과학지식의 반증을 통해 발달한다. 러커토시 임레는 과학이 서로 경쟁하는 연구프로그램 사이의 경쟁을 통해 발전한다고 보았다.

그러나 일반 사회나 각급 학교에서는 과학이 지니는 몇몇 속성을 다음과 같이 잘못 인식하기도 한다. 이러한 과학에 대한 그릇된 인식에는 과학의 본성, 과학지식, 과학적 방법에 관한 오해가 포함되어 있다. 여기에서는 과학의 본성에 대한 일반적인 오해와 그에 관한 진실을 함께 제시한다.

- 오해: 과학은 객관적 학문이다.
- 진실: 과학은 사회적 활동의 산물이며, 대부분 과학자가 파지하고 있는 선행지식, 과학자의 문화적 · 사회적 배경, 과학자의 개인적 신념의 영향을 받아 주관적으로 형성되고 검증될 수 있다.
- 오해: 과학은 일정한 절차로 구성된 하나의 과학적 방법으로 연구하고 탐구한다.
- 진실: 과학은 단순한 관찰이나 측정, 실태조사, 통제된 실험, 수학적 계산, 자료의 분석과 해석 가운데에서 연구나 탐구의 목적 또는 주제에 적절한 방법을 선택해 적용한다.

- **오해**: 과학은 절대적 진리를 추구한다.
- **진실**: 과학은 연구나 탐구를 통해 절대적 진리에 가까이 접근해 가는 활동이며, 과학지식은 언제나 잠정적이며 새로운 증거에 따라 절대적 진리에 가까운 형식으로 계속 발전한다.
- **오해**: 과학은 모든 것을 증명하고 해결할 수 있다.
- **진실**: 과학은 수학처럼 절대적인 증명을 해내지 못하며, 기껏해야 확률적인 증명만 가능하다. 과학은 형이상학적 문제나 가치를 포함한 윤리적 문제, 종교적·신앙적 문제를 완벽하게 해결하거나 올바른 답을 제시할 수 없다.
- **오해**: 과학에는 창의성이 필요하지 않다.
- **진실**: 이런 오해는 과학적 연구와 탐구가 논리와 수학과 같이 기계적 과정을 통해 이루어진다는 생각에서 비롯된다. 그러나 과학적 실험의 설계, 자료의 분석과 해석에는 창의성이 필요하다.

과학에 관한 잘못된 인식은 개인의 경험과 교육, 대중매체, 동료 문화에서 비롯되며, 국가와 사회에 부정적 영향을 미친다. 과학 정책을 수립하고 실행하는 행정담당자가 타당한 목적을 설정하는 데 저해 요인이 될 수 있다. 과학을 가르치는 과학교사에게는 과학 교수-학습의 방향을 왜곡시킬 수 있으며, 과학을 공부하는 학생들에게는 과학의 본성을 제대로 이해하는 과정에 장애가 된다. 과학의 본성에 관한 오개념은 과학교육을 통해 과학적 개념으로 바로잡아야 한다.

2. 과학지식의 구성요소와 잠정성

과학지식(scientific knowledge)은 그 어원에 비추어 볼 때, 앎과 깊은 관련이 있다. 앞서 살펴본 바와 같이 과학은 지식·앎·이해를 뜻하는 scientia에서 유래했으며, 지식을 나타내는 'knowledge'는 '알다'를 뜻하는 동사 'to know'의 명사형이다. 경험주의·실증주의 등 전통적 인식론에서는 지식을 신념, 진리, 증거로 구성된 것으로 이해하고, 이를 '정당화된 참된 신념(justified true belief)'으로 정의한다.

'정당화된 참된 신념'으로서 과학지식의 정의에 따르면, 진리가 아닌 이해, 즉 허위의 진실을 '안다'고 말할 수는 없다. '옛날 사람들은 태양을 포함한 모든 행성이 지구의 주위를 돈다는 것을 믿었다'라는 말은 성립되지만, '고대인들은 태양을 포함한 모든 행성이 지구의 주위를 돈다는 것을 알았다'라는 진술은 논리적으로 타당하지 않다. 옛날에도 그랬고 오늘날에도 지구를 포함한 모든 행성이 태양의 주위를 돌고 있기 때문이다. 한편 과학교육 현장에서는 과학지식의 정의보다 다음과 같은 과학지식의 구성요소에 주된 관심을 둔다.

- **사실(fact)**: 단 한 번의 관찰 내용을 진술하는 단일 진술(simple statement)이다.

  예) 지금 저 호수에 배 한 척이 떠 있다.
- **법칙(law)**: 관찰한 여러 현상에 나타나는 규칙성(regularity)을 일반화해

진술한 복합 진술(complex statement)이다.

예) 나무토막은 물에서 뜬다.

- 개념(concept): 여러 사건이나 사물에 공통적으로 나타나는 추상적인 준
  거속성(criterial attribute)을 기술한 말이다.

  예) 책상, 오리

- 이론(theory): 과학적 사실과 법칙을 설명하기 위해 구성한 추상적 진술
  이다.

  예) 온도가 올라가면 기체를 구성하는 입자들의 운동이 활
  발해져 부피와 압력이 늘어난다.

과학적 사실은 자연에 대한 관찰·측정·실험을 통해 수집된 자료이거나 검증이 가능한 구체적 정보로서, 그에 나타난 규칙성을 과학적 법칙으로 일반화하는 바탕이 된다. 과학적 법칙은 자연현상들 사이의 원인과 결과의 불변적·필연적 관계를 나타낸다. 개념은 여러 사물에 공통적으로 존재하는 추상적 성질을 가리키는 보편자를 의미한다. 과학적 이론은 자연현상의 원인 또는 사물의 진상을 모형(model)이나 비유를 통해 설명한다.

과학지식에 관한 관점과 그 의미는 인식론의 발달과 함께 변화해 왔다. 실증주의와 후실증주의 사이의 과도기에 과학철학자 포퍼는 진정한 과학지식이란 반증될 수 있어야 한다고 주장했다. 또한 대표적 후실증주의자 쿤은 과학지식을 과학자 사회에서 공통으로 인정하는 개념적 안경(conceptual goggles), 곧 지적 패러다임의 기능을 하는 개념적 체계로 규

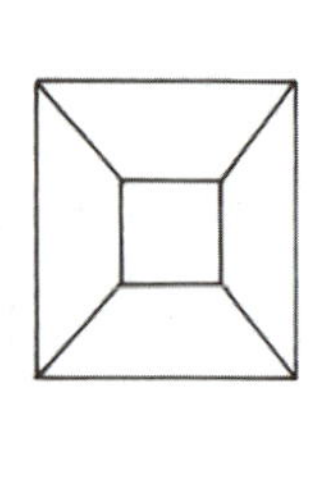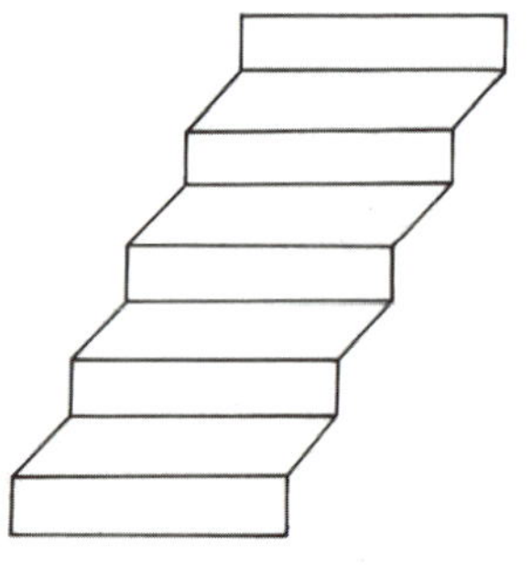

그림 1-1 | 관찰자에 따라 다르게 보이는 그림

정했다. 사회학과 지식사회학에서는 과학지식이 사회적 합의를 통해 구성된다고 보았다.

과학적 사실과 법칙은 자연으로부터 발견되며, 과학적 개념과 이론은 과학적 사실과 법칙을 설명하기 위해 구성된 설명체계이다. 결국 과학지식은 과학적 사실을 바탕으로 이루어진 것이다. 그런데 과학지식을 발견하거나 구성할 때뿐만 아니라 과학지식의 진위를 검증하는 과정에서 적용되는 관찰은 〈그림 1-1〉에서 볼 수 있듯이 관찰자의 사전지식, 기대, 사전경험의 영향을 받은 주관적 해석일 수 있다.

〈그림 1-1〉에서 왼쪽 그림은 보고자 하는 기대에 따라 마귀할멈으로 보이기도 하고 아리따운 처녀로 보이기도 한다. 가운데 그림은 밑면이 윗면보다 더 큰 피라미드형 육면체로 보이거나, 밑면이 윗면보다 더 작은 역피라미드형 육면체로 보인다. 오른쪽 그림은 위에서 아래로 내려다보는 층계로도, 아래에서 위로 올려다보는 층계로도 보인다. 이러한 그림들

은 단순히 착시 현상을 보여주는 예이지만, 과학적 사실이 관찰자 누구에게나 같은 의미를 가질 수는 없으며, 보편적 특성을 지닌 진술이라고 단정할 수 없음을 보여주는 증거이다.

과학적 사실과 그것을 바탕으로 형성된 과학지식이 지니는 이러한 상대적 특성은 '해는 동쪽에서 떠서 서쪽으로 진다'와 같은 일반 상식에서도 잘 드러난다. 2세기 중엽의 고대 그리스 천문학자 프톨레마이오스(Ptolemaeos, 85?~165?)는 에우독소스(Eudoxos, 기원전 408?~355?)와 아리스토텔레스의 세계관을 받아들여, 지구는 구형이며 우주의 중심에 정지해 있고 태양과 달, 별들이 지구의 주위를 돈다는 천동설을 주장했다. 이 우주관에 따르면 해가 동쪽에서 떠서 서쪽으로 진다는 말은 타당한 진술로 여겨질 수 있다.

천문학자 니콜라우스 코페르니쿠스(Nicolaus Copernicus, 1473~1543)는 16세기에 그리스의 기계론적 사상을 받아들이고 육안으로 관찰한 자료에 근거해 태양이 우주의 중심에 있으며 지구를 포함한 모든 행성이 태양의 주위를 돈다는 지동설을 주장했다. 지동설에 따르면 해가 동쪽에서 떠서 서쪽으로 진다는 말보다는 지구가 서쪽에서 동쪽으로 자전하면서 태양을 향해 움직인다는 설명이 더 합당하다. 그러나 현대의 우주론적 관점에서 보면 이 말도 특별한 의미를 지닌다고 보기는 어렵다.

후실증주의의 인식론적 설명을 듣지 않더라도 사람은 누구나 자신의 감정 상태에 따라 '새가 운다', '새가 지저귄다', 또는 '새가 노래한다'라고 말한다. 또 색안경의 색깔에 따라 세상을 누렇게 보거나 파랗게 보기도 한다. 이는 어느 관찰자든 각자의 기대, 선행지식, 사전경험 등을 바탕으로 보고, 듣고, 느끼며, 지각하기 때문이다. 이러한 인식론적 관점을 살펴보면, 동일한 자연현상이라 하더라도 관찰자에 따라 서로 다른 의미로 이해될 수 있으며, 그 결과 전혀 다른 내용으로 진술될 수도 있다. 자연에 관한 관찰을 통해 발견하고 수집된 과학적 사실을 바탕으로 이루어진 과학지식은 누구에게나 보편적인 것이 아니라 개인에게 독특한 형태와 내용으로 구조화된다.

고대 그리스 시대부터 실증주의 시대까지 과학지식은 절대적이며 변하지 않는 사실로 여겨졌지만, 후실증주의 이후에는 사회적 합의를 통해 형성된 임시적 개념체계로 이해되기 시작했다. 그러나 일반 사회와 각급 학교는 물론, 실제 과학 연구 현장에서는 이러한 과학지식의 본성이 잘못 인식되는 경우가 적지 않다. 과학지식에 대한 잘못된 인식은 다양한 형태로 나타난다. 다음에서는 과학에 관심을 가진 일반인과 과학을 공부하는 학생들이 과학지식의 본성에 관해 공통으로 가지고 있는 오해와 그 진실을 살펴본다.

- **오해:** 과학지식은 불변적인 절대적 진리다.
- **진실:** 모든 과학지식은 가설적·잠정적이며, 새로운 증거가 제시되거나, 혁신적인 확고한 이론에 의해 수정된다.
- **오해:** 과학지식을 표현하는 모형은 이론이 가리키는 실재나 법칙의 진상을 정확하게 표현한다.

- **진실**: 과학적 이론과 법칙의 모형은 그 이론과 법칙의 실재와 진상을 이해하고 예측할 때 사용하기 위해 만든 도구에 불과하다.
- **오해**: 과학지식은 객관적 사실(fact)의 누적이다.
- **진실**: 과학지식은 단편적인 과학적 사실 이외에 개념·이론·법칙으로 이루어져 있으며, 그것들은 새로운 것들로 계속 쌓이지 않고 새로 발견된 증거에 따라 대체되거나 변한다.
- **오해**: 과학지식은 가치와 중립적이거나 무관하고 객관적이다.
- **진실**: 과학지식은 과학자의 지식, 관점, 사회적·문화적 상황의 영향을 받아서 형성되고 검증된다.

과학지식은 끊임없이 개발되는 역동적인 과학적 탐구 과정을 통해 발견되거나 구성된 과학적 사실·개념·법칙·이론이 종합된 잠정적 체계이다. 과학지식을 제대로 학습하고 습득하기 위해서뿐 아니라 과학적 연구를 효과적으로 수행하기 위해서도 과학지식의 본성을 올바로 이해할 필요가 있다. 또한 과학과 관련된 문제를 성공적으로 해결하기 위해서 과학지식에 관한 적절한 견해를 갖는 일은 중요하다.

3. 과학적 방법의 한계와 다양성

중세와 그 이전의 자연철학자들은 개인적 직관, 사적 경험, 전통적 지혜 등에 의존해 지식을 습득하고 이해했다. 근대에 이르러 객관주의와 실증주의는 과학지식이 관찰, 실험, 논리적 추론 등 체계적이고 합리적인 방법과 과정을 통해 발견되고 검증된다고 보았으며, 이를 근거로 과학을 합리적 학문으로 간주했다. 실증주의에 이어 사회적 구성주의는 과학지식이 실세로는 사회적 토론과 합의라는 비논리적 방법과 절차에 따라 구성되거나 정당화된다고 주장한다.

현대의 과학적 방법은 프랜시스 베이컨(Francis Bacon, 1561~1626)과 르네 데카르트(René Descartes, 1596~1650)에 의해 시작되었다. 베이컨은 경험주의(empiricism)에 따라 귀납법(induction)을 과학적 방법으로 강조했고, 데카르트는 합리주의(rationalism)에 따라 연역법(deduction)을 제시했다. 실증주의와 반증주의에서는 귀납법과 연역법의 장점을 통합한 가설-연역적 방법을 제시했으며, 미국의 실용주의자 찰스 퍼스(Charles Peirce, 1839~1914)는 아리스토텔레스가 적용한 여러 가지 논증 가운데 하나에 귀추법(abduction)이라는 이름을 붙여 과학적 방법으로 도입했다. 한편 과학사회학(sociology of science)과 과학지식사회학(sociology of scientific knowledge)에서는 사회적 합의를 과학적 방법의 한 가지 유형으로 보기도 한다.

귀납법은 원래 구체적이고 특수한 사실들로부터 포괄적인 일반화를 도출해 내는 논리적 추론의 한 형태이지만 영국의 베이컨은 귀납법을 과학적 방법으로 주창했다. 과학적 방법으로 제시된 귀납법은 과학적 탐구 현장에서 자연현상으로부터 규칙성을 발견하고 그에 대한 과학적 법칙을 이끌어 내는 데 일차적 목적이 있는 서술적 분야에서 주로 적용된다. 과학의 한 실례를 들면 귀납법은 다음과 같은 형식과 절차에 따라 이루어진다.

구리철사에 열을 가하면 늘어난다.
백금선에 열을 가하면 늘어난다.
금반지에 열을 가하면 그 반지름이 커진다.
···············
···············
···············
∴ 금속에 열을 가하면 늘어난다.

연역법은 보편적 원리로부터 특수한 명제를 도출해 내는 논리적 추론의 한 형식이다. 과학적 탐구의 실제 현장에서는 포괄적인 과학적 법칙이나 과학적 이론으로부터 세부적이고 단편적인 과학적 사실을 예측한 다음, 이를 검증하는 과정에서 주로 적용된다. 과학적 방법으로 적용되는 연역적 추론 과정에서는 대전제인 보편명제의 타당성을 가정하고 그런 포괄적이고 일반적인 명제와 소전제로부터 보다 더 구체적인 결론이 도출된다.

생물은 반드시 죽는다.
소는 생물이다.
∴ 소는 언젠가는 죽는다.

연역적 논증이 보편명제인 대전제의 타당성과 절대적 참가치를 가정하고 시작하는 데 비해, 가설-연역적 방법은 대전제의 진위를 의심하는 상황에서 출발한다. 가설-연역적 방법에서는 관찰을 통해 그 진위를 확인할 수 있는 가설을 설정하고, 초기조건을 정하며, 가설과 초기조건으로부터 관찰이 가능한 사실을 연역한 다음, 그 명제를 검증하는 단계로 이루어진다. 가설-연역적 방법의 적용 절차를 예시하면 다음과 같다.

구리는 전기가 잘 통한다.

이 구리 전선은 전기 회로에 적절하게 연결되어 있다.

이 전선에는 전기가 흐를 것이다.

∴ 이 전선에는 전기가 흐르고 있다.

마지막 단계의 실험 결과, 즉 결론에 비추어 볼 때 맨 처음에는 의심스러웠던 진술인 '구리는 전기가 잘 통한다'라는 가설이 진리로 판명된 것으로 본다. 과학적 이론은 본질적으로 추상적 속성을 모형이나 비유로 기술하거나 설명하기 때문에, 이러한 방법을 통해 간접적으로 검증된다. 그러므로 귀납법이 주로 과학의 경험적이고 서술적인 분야에서 적용되는 것과는 대조적으로 가설-연역적 방법은 대부분 이성적이고 이론적인 분야에서 적용된다. 이론적 분야에서는 대개 가설의 설정과 검증이 필요하고 실제로 그런 단계를 거쳐 발달하지만, 과학 개념들로 이루어진 서술적 분야에서는 가설의 설정과 검증이 사실상 필요 없기 때문이다.

비교적 잘 발달된 영역에서 적용되는 가설-연역적 방법과 달리, 귀추적 방법은 새로 대두되는 영역에서 적용된다. 귀추적 추리에서는 설명할 사실이 맨 먼저 제시되고, 그 사실을 가장 잘 설명할 수 있는 가설이 그다음 단계에서 제시된다. 귀추적 추리 방법의 핵심은 결론이 아니라 바로 그 '최선의 설명 추론'이다. 귀추적 추리 방법이 과학지식의 발달에 공헌하는 측면도 귀납적 방법이나 연역적 방법의 결론과 달리 '최선의 설명 추론'이다. 귀추적 추리의 결론은 최선의 추론을 지지하는 하나의 증거일 뿐이며, 기존의 과학지식 체계에 더해질 수 있는 진술은 아니다. 이를 위해서는 다음과 같은 검증 과정을 거쳐야 한다.

철수가 기침을 한다.
만일 철수가 감기에 걸리면, 기침을 할 것이다.
따라서 철수가 감기에 걸린 것 같다.

과학적 방법으로서의 사회적 합의는 대체로 과학자들의 토론 → 검증 → 합의의 과정을 거쳐 수행된다. 이를테면 문제가 제기되면, 전공이 같은 과학자들이 그 문제에 대해 토론한 뒤, 공동체의 합의된 의견이 도출되거나 과학지식으로 인정되는 단계와 과정을 통해 이루어진다. 이러한 사회적 합의 과정으로서의 과학적 방법을 적용할 경우, 과학지식은 주관적이고 비합리적인 절차에 따라 구성되고 정당화된다. 사회적 합의를 통해 과학지식이 형성되고 검증된 사례의 하나로 덴마크의 1920년대 닐스 보어

(Niels Bohr, 1885~1962)와 독일의 베르너 하이젠베르크(Werner Heisenberg, 1901~1976) 등이 정립한 양자역학에 대한 '코펜하겐 해석(Copenhagen interpretation)'을 들 수 있다. 전통적 과학철학의 결정론적 입장을 고수한 아인슈타인은 죽을 때까지 현재 양자역학 설명의 표준적 기준으로 자리 잡은 이 해석에 동의하지 않았다.

과학사는 과학이 수학과 긴밀한 관계를 맺으면서 획기적으로 발달해 왔음을 보여주는데, 이는 과학을 합리적 학문으로 인식하게 된 근거의 하나였음을 암시한다. 고대 그리스 시대에 융성했던 과학은 근대나 현대 과학으로 직접 발전하지는 못했는데, 그 이유도 과학과 수학 사이의 밀접한 관계를 반증한다. 아르키메데스(Archimedes, 기원전 287~212)는 정역학 탐구에 수학적 접근법을 적용한 흔적을 보여주고 있으나(그림 1-2), 그리스 시대에는 수학이 과학의 발달에 결정적인 영향을 미칠 만큼 충분히 발달하지 못했다. 더군다나 당시의 과학은 기본적으로 수학과 긴밀한 관계를 맺을 필요성도 크지 않았다.

과학은 데카르트를 비롯한 과학혁명기 이후의 자연철학자들에 의해 획기적으로 발달했다. 이러한 과학사적 사실도 과학과 수학이 밀접한 관계를 맺고 있음을 반증한다. 갈릴레오 갈릴레이(Galileo Galilei, 1564~1642)는 수학을 이용한 정량적 방법을 적용해 지상 역학을 발달시켰고, 요하네스 케플러(Johannes Kepler, 1571~1630)도 수학을 이용해 천체 역학을 발전시켰다. 또한 아이작 뉴턴(Isaac Newton, 1642~1726)은 미적분법을 발견하고 이를 바탕으로 지상과 지상 위의 우주 전체가 동일한 역학

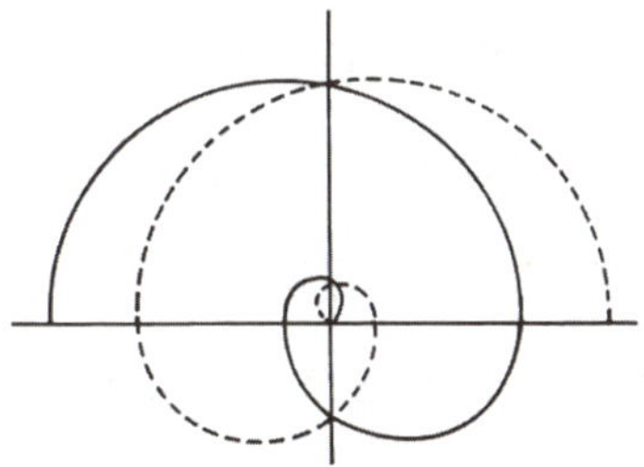

아르키메데스의 나사선

아르키메데스의 나선 양수기

그림 1-2 | 아르키메데스가 정역학 원리를 발견한 동기와 그 응용

법칙을 따른다는 사실을 보여주었다. 한편 과학이 수학과 밀접한 관계를 맺고 있다는 점은 객관적 방법과 과정에 따라 탐구될 수 있으며, 그 결과 합리적 특성을 지니게 된다는 것을 의미한다.

이와 같이 고대 그리스 시대부터 현대까지 다양한 방법을 통해 자연이 탐구되고 과학지식이 발견되거나 구성되어 왔는데, 이러한 사실은 과학적 방법마다 적용상의 한계가 있음을 함축한다. 실제로 과학적 방법은 탐구의 목적과 주제에 따라 적절한 방법이 적용된다. 또한 과학적 방법에는 자체의 본질적 문제가 내재되어 있어, 모든 상황에 보편적으로 적용하기에는 어려운 한계도 함께 지닌다.

귀납법은 일반화의 필수 조건인 관찰 횟수와 관찰 상황의 다양성을 결정할 수 없기 때문에, 귀납의 원리를 충분히 만족시키기 어렵다. 아무리 다양한 상황에서 여러 번(N) 관찰했을지라도 관찰 가능한 상황과 그 수는 무한대(∞)이므로 실제로 관찰한 사례의 수와 관찰 가능한 수의 비율은 언제나 0(N/∞)이다. 귀납적 추리 방법은 그 타당성을 합리적으로 정당화할 수 있는 방법이 없다는 문제도 안고 있다. 귀납적 추리의 타당성은 반복적인 귀납적 일반화 과정을 통해서 정당화할 수밖에 없다.

연역적 방법은 특정 영역에서만 효과적으로 적용될 수 있는 한계를 지닌다. 연역적 추리와 동일한 논증 과정으로 이루어진 수학적-연역적 방법도 과학적 방법으로 적용되는 연역적 방법이 지닌 한계와 문제를 그대로 드러낸다. 즉 연역적 방법은 논증의 대전제인 명약관화한 대명제와 공리뿐만 아니라 새로운 자료와 정보를 생성하지 못한다는 한계를 지닌다. 연역적 방법은 논증의 첫 단계에서 일반화된 명제를 생성하지 못하기 때문에 귀납적으로 일반화된 명제를 차용하게 되며, 그 결과 논증을 통해 추론된 결론도 새로운 정보가 되지 못한다. 따라서 연역적 방법은 과학지식이 형성되는 과정이라기보다 이미 제시된 과학지식을 정당화하는 과정에서 주로 적용된다.

가설-연역적 추리 방법은 과학과 과학적 활동의 논리적·합리적 특성을 강조하는 반면, 심리학적·사회학적 측면은 소홀히 다룬다는 문제를 지닌다. 특히 과학적 연구에서 적용되는 가설-연역적 방법은 상상력과 호기심이 과학지식의 형성과 발달에 미치는 영향을 경시하며, 가설이 최초에 어떻게 설정되는지도 분명하게 설명하지 못한다. 또한 가설-연역적 방법은 가설을 설정할 필요가 없는 실태조사에는 적용되기 어렵고, 검증할 수 없는 보조가설과 대안가설이 제기되는 상황에서도 한계를 드러낸다.

각급 학교와 일반 사회에서는 이러한 과학적 방법이 잘못 인식되거나 적절하게 적용되지 못하고 있다. 과학적 방법에 관한 잘못된 인식과 오해는 과학의 본성과 과학지식에 대한 잘못된 이해와 밀접한 관련이 있다. 이는 과학적 방법이 과학의 본성에 관한 논의의 핵심적 주제로서 과학지식을 탐구하고 정당화하는 과정에서 중요한 수단이기 때문이다. 다음은 과학적 방법에 대해 흔히 나타나는 잘못된 인식이나 오해와 실제의 진상에 관한 예시이다.

- **오해**: 과학적 방법은 과학의 모든 영역과 주제에 적용하는 하나의 방법만 있으며 그것은 일정한 절차에 따라 적용된다.
- **진실**: 과학자는 연구나 탐구의 목적이나 주제에 적절한 과학적 방법을 선택해 적용한다.
- **오해**: 과학적 방법의 궁극적 목적은 절대적 진리의 탐색이다.
- **진실**: 과학적 방법은 자연의 현상과 사물의 궁극적 실재를 탐구할 수 없고, 제시된 이론·법칙·개념의 진위를 검증한다.
- **오해**: 과학적 방법은 모두 실험을 통해 실시된다.
- **진실**: 과학적 방법은 실험뿐만 아니라 관찰과 측정, 또는 조사를 통해서도 이루어진다. 과학 실험은 인과관계를 확인하기 위해 철저하게 설계한 다음, 그 설계에 따라 수행되는 과학적 방법이다.

과학적 방법에 관한 이러한 오해는 주로 과학교육 현장에서 생겨났다. 1960년대 이후 학문중심 교육사상에 따라 각급 학교의 과학교육 현장에서는 귀납법과 가설-연역적 방법이 특히 강조되었다. 초등학교 과학 교과서에서는 자료제시-분류-추가 자료제시-일반화로 구성된 발견학습 중심의 탐구 활동이 주로 제시되었고, 상급 학교에서는 문제제시-가설설정-실험설계-자료수집-자료분석-결론도출-일반화로 구성된 실험 중심의 과학 탐구 방법이 다루어졌다.

4. 과학과 과학기술의 관계에 대한 혼동

전통적으로 기초과학(basic science)과 응용과학(applied science), 그리고 과학기술은 서로 뚜렷이 구분되는 경향이 있었다. 기초과학은 과학자들의 순수한 호기심에 따라 연구 자체를 목적으로 탐구하거나 진리의 추구를 위해 수행되는 연구 분야로 새로운 과학지식 체계를 확립하고 자연에 대한 이해를 증진하는 데 근본적인 목적을 둔다. 이 분야의 과학자들은 자신의 지적 호기심을 만족시키는 데 관심을 두며, 과학의 실용성이나 응용 가능성에는 개의치 않는다.

응용과학은 기초과학의 원리와 지식을 일상생활과 사회의 여러 분야에 응용하는 데 주된 목적을 둔다. 그러나 과학지식의 응용 가능성은 절대적인 것이 아니라 관련 분야에 따라 상대적인 특성을 지닌다. 예를 들어 물리학과 화학은 생명과학과 지구과학의 기초과학에 해당하며, 물리학과 화학의 기초과학으로는 양자역학, 소립자론, 원소설이 있다. 한편 일반적으로 응용과학은 산업에 직접 응용될 수 있는 과학의 분야를 말한다. 이러한 의미에서 농학·의학·공학(engineering)이 대표적인 예이며, 응용과학은 기초과학과 과학기술(technology)의 지식을 실제적인 문제 해결에 적용하는 과학의 한 분야를 가리킨다.

과학기술은 기초과학과 응용과학의 지식을 적용해 지금까지 없었던 새롭고 혁신적인 물질, 도구, 과정, 체제, 서비스를 만들어 내는 분야로서 그 기능과 기법, 수단을 포함한다. 또한 생산을 위한 수단과 방법에 관한 객관적인 지식체계를 뜻하기도 한다. 이런 의미에서 과학기술은 앞에서 말한 기초과학 및 응용과학과는 다른 과정을 거쳐 발달해 왔다고 볼 수 있다. 실제로 과학사를 살펴보면 과학이 자연에 대한 호기심에서 출발한 반면, 과학기술은 자연을 이용하고 통제하는 과정에서 생겨났다.

이상에서는 기초과학과 응용과학, 그리고 과학기술의 특성을 각각 구분해 논의했지만, 이 영역 사이에는 상호보완적 관계가 있다. 어떤 면에서는 기초과학이 발달함으로써 응용과학의 범위가 넓어지고 그에 따라 과학기술의 영역이 확장되고 그 안에서 신기술이 생겨난다. 또한 과학기술이 진보함에 따라 과학지식을 응용하기 위한 새로운 과학기술과 그와 관련된 문제를 해결하기 위한 새로운 관점이 형성된다. 식물의 잡종교배는 순수한 기초과학의 영역에 속하며, 잡종교배 실험을 통해 얻은 지식을 응용해 질병에 강한 식물을 만들어 내는 것은 응용과학의 범주에 속한다. 과학기술은 기초과학과 응용과학의 방법을 혼용해 새로운 물질, 도구, 기계를 만드는 기술로서 유전공학이 이에 포함된다.

과학적 연구 현장에서는 기초과학을 연구 목적에 따라 다시 순수 기초과학과 목적 기초과학으로 구분하기도 한다. 순수 기초과학은 과학자들의 순수한 호기심에 따라 탐구가 수행되는 분야를 말하며, 목적 기초과학은 주로 국가와 사회가 요구하는 주제나 과학자를 고용한 연구개발 체제가 관심을 갖는 문제를 대상으로 연구가 이루어지는 기초과학을 의미한다. 순수 기초과학은 모든 과학 분야와 대부분의 과학기술이 성립하는 기본 바탕이 된다.

　과학적 연구의 과제가 커지고 공동연구가 필요해지면서 과학자들이 순전히 개인적이고 순수과학적인 연구를 수행하기는 사실상 어려워졌다. 흔히 현대를 과학자들이 개별적인 연구를 수행할 수 없는 시대라고 말하는데, 이는 과학이 사회를 떠나서는 발달할 수 없다는 의미를 함축한다. 오늘날에는 과학과 과학기술이 '과학기술'이라는 하나의 통합적인 의미로 지칭될 만큼 밀접한 관계를 맺고 있는데, 이는 과학기술도 사회를 떠나서는 개발될 수 없음을 시사한다. 실제로 현대 사회에서는 어떠한 과학기술도 사회와 독립적으로 개발되거나 발전할 수 없다.

　과학은 연구되고 과학기술은 개발된다고 말한다. 과학과 과학기술이 과학기술로 통칭될 만큼 밀접한 관계에 있다는 말은, 과학의 연구(research)와 과학기술의 개발(development) 사이에도 긴밀한 관계가 있음을 뜻한다. 이러한 이유로 오늘날에는 과학의 연구와 과학기술의 개발을 구분하기보다는 이를 총칭해 연구개발(R&D)이라 부른다. 그런데 현대에 이르러 이러한 의미의 연구와 개발 과제는 대부분 거대해져, 국가나 사회의 재정적 지원 없이는 거의 수행되기 어렵다. 많은 연구는 국가 산하의 연구개발 기관이나 산업계의 연구개발 체제에서 이루어지며, 이러한 연구개발 기관이나 체제를 지원하기 위한 별도의 기관과 체제가 구성된 이유도 바로 여기에 있다. 특히 고도로 발달한 산업기술 사회에서는 연구개발 체제가 과학기술계 단독으로 이루어질 수 없으며 반드시 정치·경제·사회·문화가 결합된 복합적인 형태로 구성될 수밖에 없다.

　현대 사회에서는 과학과 과학기술의 영향이 미치지 않는 분야를 찾아보기 어렵다. 또한 과학지식은 사회·문화적 배경에 따라 그 가치와 실용성이 달라지며, 과학기술이 개발되는 방향도 사회적 이념과 문화적 가치관에 따라 결정된다. 더욱이 자연과 과학에 대한 이해도 사회·문화적인 맥락에서 의미가 부여되는 경향이 있다. 현대의 과학자와 과학철학자들, 그리고 과학에 관심을 둔 사회학자들은 이러한 경향이 나타나는 이유를 과학이 사회적 특성을 지니고 있기 때문이라고 본다. 이들은 과학의 사회적 특성을 내적 사회성과 외적 사회성으로 구분한다. 과학의 내적 사회성은 과학이 과학기술을 통해 일상생활과 사회에 적용되는 과정에서 주로 나타나며, 외적 사회성은 사회가 과학기술 개발의 방향을 주도함으로써 과학의 발달에 영향을 미치는 과정에서 잘 드러난다. 따라서 과학기술은 과학과 사회를 연결해 주는 다리 역할을 한다고 볼 수도 있다.

오늘날 과학은 상상력조차 미치지 못하는 만물의 궁극적 요소를 확인하기 위해 기본 입자(elementary particle)로서의 소립자를 탐구하고, 우주의 기원과 종말을 설명하는 빅뱅 이론을 검증하기 위해 138억 광년이나 떨어진 멀고 넓은 우주를 연구한다. 현대의 최첨단 과학기술로는 인터넷·스마트폰·클라우드 컴퓨팅으로 대표되는 정보통신기술(ICT), 양자컴퓨팅, 나노과학, 유전자편집(CRISPR)·줄기세포·맞춤형 의학 등 생명과학 기술과 의료기술, 재생에너지·전기자동차·탄소포집 기술의 에너지와 환경과학 기술, 머신러닝·딥러닝·자율주행차·로봇으로 대표되는 인공지능과 로보틱스, 사물인터넷(IoT) 등을 들 수 있다.

과학의 발전과 과학기술의 발달로 인해 개인·사회·국가에 미치는 영향이 점점 더 커지고 있으며, 그럴수록 도덕적 가치 판단을 요구하는 문제도 가파르게 늘어나고 있다. 과학기술의 발달로 촉발되는 부정적 영향에 대한 책임을 다루는 과학윤리적 문제는 과학 연구의 수행 과정과 과학기술의 개발 과정에서 특히 많이 발생한다. 또한 과학과 과학기술은 인류의 생존 자체를 위협하는 문제들을 야기하기도 한다. 환경오염, 생태계파괴, 자원 고갈 등과 같이 인류의 생존을 위협하는 문제들은 과학을 순수한 학문적 측면에서만 발전시키고 과학기술을 실용적 차원에서만 발달시켜 온 결과로서, 현대의 과학과 과학기술만으로는 해결하기 어려운 난제들이다.

과거 16~17세기에 발생했던 식량부족, 질병의 만연, 전쟁과 같은 문제들은 인류의 생존에 심각한 영향을 끼쳤지만, 새로운 세계관의 대두와 과학적 방법의 개발을 통해 해결되었고, 그 결과 과학이 새로운 차원으로 발달하는 계기가 마련되었다. 오늘날의 문제들 역시 과학 및 과학기술에 대한 새로운 관점과 획기적인 과학적 방법의 개발을 통해서만 해결될 수 있을 것이다. 이 시점에서 가장 확실한 해결책은 과학과 과학기술을 학문적 관점과 실용적 차원에서 발전·개발하는 데 그치지 않고, 인간의 생존을 목표로 발달시키는 데 있다. 따라서 과학과 과학기술을 각각 학문과 기술로만 취급하기보다 그것을 생활 속에서 활용하고 효율적으로 이용하는 과정과 상황에서 더욱 효과적으로 해결될 수 있다.

5. 과학의 통일 · 통합 · 융합 · 통섭의 문제

과학은 16~17세기 르네상스와 과학혁명기를 거치면서 자연철학으로부터 분리된 이후 급속하게 전문화 · 분과화되었고, 그 결과 19세기 말에서 20세기 초에 이르러서는 과학지식이 특정 학문 분야에 귀속시키기 어려울 정도로 세분화되었다. 논리실증주의의 극단적 입장을 이은 환원주의는 20세기 중반 이전에 모든 과학 분야를 물리학으로 통일하려는 통일과학(unified science)을 제안했다. 이어 20세기 중반 이후에는 확실하게 구분된 전통적 단일 학문으로 해결할 수 없는 복잡한 과학과 관련된 문제가 제기되자 간학문 과학(interdisciplinary science)이 제시되었다. 20세기 후반에는 여러 전통적 분과 과학을 동시에 초월하는 복합적 문제를 해결할 수 있는 새로운 학문이 필요해지자 학제적 과학(transdisciplinary science)이 등장했다.

통일과학은 모든 학문을 하나의 공통된 언어 · 원리 · 논리 · 방법으로 통일하거나 환원할 수 있다는 환원주의의 이념에 따라 과학의 모든 분야를 물리학이라는 한 영역으로 상승적으로 결합하려는 종합과학을 말한다. 과학 교육과정에 통일과학이라는 명칭의 과목이 설정되어 있지는 않지만, 자연계의 네 가지 기본 힘인 중력 · 전자기력 · 강력 · 약력을 하나의 장으로 설명하는 통일장 이론을 통일과학의 대표적인 사례로 볼 수 있다. 간학문 과학은 물리학 · 생명과학 · 화학 등 서로 다른 과학의 방법과 지식을 결합해 새로운 탐구 방법과 지식이 창출되어 더해지도록 종합한 과학을 말한다. 생리학과 화학을 결합한 분자생물학 그리고 생명과학과 화학을 결합한 생화학은 간학문 과학의 대표적인 사례이다. 학제적 과학은 기존 학문의 지식과 방법의 결합에 머무르지 않고, 기존 학문 밖에서 새로 제기된 지식과 방법뿐만 아니라 비학문적 기술을 결합해 형성된 종합적 학문을 뜻한다. 우리나라 2015 개정 과학과 교육과정에서 창의적 융합 인재 양성을 목표로 중요하게 다루어진 STEAM(Science, Technology, Engineering, Arts, Mathematics) 교육, 그리고 예술·과학·공학·기술을 아우르는 융합적 사고를 바탕으로 창의성을 발휘한 레오나르도 다 빈치(Leonardo da Vinci, 1452~1519)의 융합적 체계는 학제적 과학의 전형적인 예라 할 수 있다.

다양한 과학 분과와 다른 학문 분야를 결합하려는 방법이 논의되면서, 과학과 교육과정에서는 각각의 방법에 따라 합본과학(combined science), 조정과학(coordinated science), 통합과학(integrated science), 융합과학(convergence science)이 제시되었다. 이러한 흐름 속에서 미국의 생물학자 에드워드 O. 윌슨(Edward Osborne Wilson, 1929~2021)은 통섭(consilience)이라는 결합 방법을 제안했다. 우리나라 중학교 과학과 교육과정에서처럼 분야별 주요 영역을 한 과목에 모아 운영하는 과학을 합본과학이라 하며, 고등학교 과학과 교육과정에서처럼 분야별 과목을 독립적으로 설정해 운영되는 과학을 조정과학이라고 한다.

통합은 몇몇 학문의 창발적 종합을 뜻하며, 통합과학은 기계적 협력보다 분야별 지식을 실천적·교육적 측면에서 효과적으로 활용할 수 있도록 구성되며, 개별 분과의 구분에 얽매이기보다 하나의 통합된 주제를 중심으로 종합된 과학을 말한다. 우리나라 2022 개정 교육과정에 따른 고등학교 과학 교육과정에는 통합과학 과목으로 《통합과학 1, 2》와 과학적 탐구 과정을 토대로 구성된 《과학탐구실험 1, 2》가 마련되어 있다. 융합은 원래 과학보다 여러 공학 분야와 특수한 과학기술의 창발적 종합을 의미한다. 과학과 교육과정에는 융합선택 과목으로 《과학의 역사와 문화》, 《기후변화와 환경생태》, 《융합과학 탐구》 과목이 편성되어 있다. 각 과목은 관련된 분야의 지식, 방법론, 기술이 통합되거나 융합되어 있다.

융합과학은 과학교육 현장보다 과학적 연구 현장에서 먼저 제기된 개념이다. 20세기 초 양자역학의 발달로 물리학과 화학이, 그리고 DNA 구조의 발견으로 물리학·화학·생명과학이 융합되는 연구가 본격화되었다. 미국 국립과학재단(NSF)은 2002년 나노과학·생명공학·정보과학·인지과학(NBIC)을 수렴과학기술의 틀로 제시했다. 이어 유럽공동체(EC)는 2004년 인문학과 사회과학의 응용 분야와 공학을 융합한 사회과학기술을 강조하며, '유럽지식사회를 위한 수렴과학기술(CTEKS: Converging Technology for the European Knowledge Society)'을 제안했다. 우리나라는 2000년대 초반에 IT-BT-NT-CT를 미래의 유망한 과학기술의 틀로 삼아 융합과학 연구 생태계를 조성하기 위한 계획을 수립했으며, 그 이후 몇몇 대학교에서는 융합과학 관련 전공 학과나 학부 및 대학원을 설립했다.

통섭은 과학과 사회학을 비롯한 다른 학문 분야 지식의 귀납적·환원론적 종합(synthesis)을 뜻한다. 귀납적 종합은 기본적 학문에서 출발해 고차원적 학문으로의 상향적 통합을, 환원론적 통합은 고차원적 학문으로부터 기본적 학문으로의 하향적 종합을 뜻한다. 앞에서 기술한 통일과학과 STEAM을 통섭과학으로 볼 수도 있다. 그러나 현재 '통섭과학'은 과학이나 다른 어떤 학문의 독립된 한 분야로 설정되어 있지 않으며, 과학과 교육과정에 포함할 수 있는 교과목으로도 마련되어 있지 않다. 설령 통섭과학이 학문적 분야로 자리 잡는다 하더라도, 환원론적 문제라는 본질적 문제가 내재되어 있어 완전한 학문으로 확립되기는 어려울 것이다. 엄밀한 의미에서의 통합과학도 환원론적 문제와 더불어 범주의 오류 문제가 내재되어 있어 완전한 형태의 통합과학을 구성하기는 어렵다.

6. 잘못 알기 쉬운 과학 개념의 속성

학생, 대학생, 교수가 알고 있는 것과 가지고 있는 과학지식은 다르다. 그들은 소(牛) 개념을 각자 다른 의미로 인식하고, 물체의 낙하속도와 비가 내리는 원인에 대해서도 각자의 의미로 설명한다. 이는 자연을 탐구하거나 과학을 공부하는 방법과 수준에 차이가 있으며, 그 결과의 수준과 내용도 다르기 때문이다. 과학교육학에서는 그들이 각자 다른 경로를 통해 습득해 일상생활과 학습 현장에서 나름 조직적으로 활용하는 지식체계를 대안개념(alternative conception) 또는 오개념(misconception)이라고 부른다.

대안개념/대안적 개념틀(alternative framework)은 과학자의 과학지식이나 그 구성요소와는 다르다. 그러나 대안개념은 어느 것이든 그것을 지닌 개인의 인지구조 속에서 정합적으로 연결되어 있어, 그가 겪은 경험의 상황과 인식의 범위 안에서는 과학적으로 틀렸다고 보기 어렵다. 또한 대안개념이 과학 학습에서 수행하는 기능은 과학자의 과학지식이 과학자의 연구에서 하는 기능과 대체로 비슷하다.

대안개념의 'alternative'는 학생들이 선행경험을 바탕으로 구성한 개념이 과학자의 과학지식과 다르지만, 비슷한 특성과 기능을 지니고 있음을 나타낸다. 'conception'은 '마음에 품다'를 뜻하는 'conceive'의 명사형이다. 영한사전에는 개념을 concept 또는 conception으로 기술하고 있다. concept는 여러 사람이 의미를 공유하거나 같은 의미로 받아들이는 '공공적(public) 개념' 또는 '과학적 개념'으로, conception은 개인마다 고유한 의미를 지니며 막 형성되기 시작한 유치한 상태의 '초보적 인식'이거나 공공적 개념으로 발달하거나 분화하는 과정에 있는 '개인적(personal) 개념'이다. 과학교육학에서는 '공공적 개념(public concept)'을 과학적 개념 또는 개념으로, '개인적 개념(personal conception)'은 대안개념 또는 대안적 개념틀로 간주한다. 단순히 틀린 관념이나 잘 알지 못하는 생각을 모두 대안개념이라고 부르지는 않는다. 대안개념으로 일컬어지기 위해서는 반드시 그에 대응하는 과학적 해석이 있고, 여러 자연현상이나 생명 현상에 대해 합리적으로 설명할 수 있으며, 문제해결에 이용될 수 있는 개인적 개념이라는 세 가지 조건을 모두 만족해야 한다.

누구나 대안개념을 통해 과학을 공부하고 자연을 바라보고 해석하며 탐구한다. 선행지식·기대감·신념을 포함한 대안개념은 자연에 대한 경험을 통해 발견되거나 자연현상에 관한 자료에서 연역적으로 도출되지 않고, 자연과의 상호작용을 통해 마음에서 구성되는 지성적 산물이다. 대안개념은 직관적으로 형성되기 때문에 직관적 관념(intuitive conception)이라고도 불린다. 대안개념은 대체로 개인적이고 사리에도 맞지 않지만, 그것을 파지하고 있는 개인에게는 합리적이고 안정적인 해석적 틀로 기능한다.

개인이 파지하고 있는 대안개념은 무조건 틀린 것이 아니라, 그의 인지구조에 비추어 나름대로 논리적 체계를 갖추고 있다. 오인으로 일컬어지는 대안개념도 어느 것이나 그것을 지닌 개인한테는 이해될 만하고 정합적이며, 과학 교수-학습의 영향을 받지 않거나 예기치 못한 방식을 통해 내용이 더욱 풍부한 고차원적 지식으로 변한다. 대안개념은 아동의 과학(children's science)이라고 불리기도 하며, 아동들이 관련 과학지식을 학습하는 데 어려움을 겪는 원인이 되기도 한다. 이러한 이유로 각급 학교의 과학교육 현장에서는 교수-학습 주제와 관련된 학생들의 대안개념을 먼저 확인하고 이를 과학자의 개념, 곧 과학적 개념으로 바꾸어 주기 위한 수업의 중요성을 강조한다.

요약하자면 대안개념은 자연현상에 대한 대안적 이해이다. 과학 대안개념은 엄밀히 말하면 과학적으로 틀린 해석이다. 그렇다고 해서 틀린 해석으로서의 과학 대안개념이 단지 과학지식의 부족이나 사실적 오류, 옳지 않은 정의만을 나타내는 것은 아니다. 과학 대안개념은 학습자가 선행지식(prior knowledge)과 선행경험(prior experience)을 바탕으로 구성한 자연현상에 대한 합리적이고 실용적인 설명체계이다. 이러한 대안개념은 과학의 학습이나 탐구를 통해 새로운 과학지식을 형성하거나 새로운 정보를 해석하여 조직하는 역할을 한다.

02

잘못 알기 쉬운 물리학 개념

각급 학교 학생들은 여러 과학 분야 가운데서도 물리학 개념이 가장 공부하고 이해하기 어렵다고 말한다. 이는 물리학 개념이 다른 과학 분야의 개념보다 더 추상적이고 이론적인 속성을 지니며, 수학과도 가장 깊은 관련을 맺고 있기 때문이다. 2장에서는 물리학의 발달 과정을 살펴보고, 중학생들이 이해하기 어려워하거나 잘못 알고 있는 물리학 개념의 본성과 그 원인을 중심으로 살펴본다.

1. 물리학의 특성과 발달

물리학은 거시적이고 미시적인 자연현상과 에너지의 특성을 관찰과 실험을 통해 밝혀내고, 그 작용과 변화를 지배하는 기본 법칙을 논리적·수학적 형식으로 서술하는 학문이다. 다시 말해 극미한 물질의 구조와 그 구

성 요소 사이의 상호작용을 비롯해, 물질의 물리적 성질, 물체의 운동, 열
·소리·빛·전기 등 다양한 에너지의 현상과 구조를 규명하고 궁극적으로
는 그 속성들 사이의 관계와 법칙을 탐구하는 학문이다. 이처럼 물리학은
자연현상과 물질의 특성, 그리고 에너지를 다루는 자연과학의 한 분야이
지만, 물리학이 다루는 구체적인 대상은 고대 그리스 시대부터 지금까지
계속 변해 왔다.

아리스토텔레스 시대의 물리학에서는 역학 개념이 주류를 이루었다.
아리스토텔레스는 운동을 자연 운동, 강제 운동, 자발적 운동으로 나누
었다. 자연 운동은 중력에 의해 물체가 땅으로 떨어지거나 가볍기 때문
에 연기가 위로 올라가는 운동을 말한다. 강제 운동은 돌을 들어 올리거
나 화살을 쏘는 것처럼 외부로부터 힘이 가해질 때 움직이는 운동, 또는
자연 운동의 간섭으로 일어나는 운동을 가리킨다. 자발적 운동은 일반적
으로 살아 있는 생물체가 보이는 움직임을 의미한다. 이러한 견해에 따라
당시에는 강제 운동에는 언제나 힘이 필요하며, 강제로 만들어진 속력은
주어진 힘에 비례한다는 생각이 받아들여졌다. 아리스토텔레스를 비롯한
고대의 자연철학자들은 이러한 생각 때문에 진공(vacuum)이란 존재할 수
없다는 관념을 가지게 되었으며, 그 결과 원자론 관념을 부정할 수밖에
없었다.

아리스토텔레스 시대 이후부터 중세까지 자연철학자들은 우주론, 화
학, 기상학, 생명과학, 심리학 등 수학을 제외한 대부분의 서술적이고 정
성적인 자연현상들을 물리학의 대상으로 포함시켰다. 그러나 17~18세기

에는 그들의 관심이 광학, 진공, 열, 전기와 자기에 집중되면서 물리학은 새로운 영역으로 발달하게 되었다. 또한 데카르트와 뉴턴이 자연 탐구에 수학적 접근법을 적용하고, 베이컨이 귀납법을 과학적 방법으로 제시했으며, 갈릴레오가 정량적 자료를 수집하고 이를 수학적으로 표현할 수 있는 실험 방법을 개발함으로써 물리학은 새로운 차원으로 발달하게 되었다. 아리스토텔레스 시대부터 지속되어 온 고전적 물리학이 새로운 학문 분야로 재구성된 것도 바로 이 시기였다. 이 시기 물리학은 역학, 유체역학과 정역학, 물·불·공기의 물리적 특성, 광학, 전기와 자기, 기상학 등 관찰과 증명이 비교적 용이한 영역으로 한정되었지만, 이러한 연구 성과 덕분에 이전 어느 때보다도 빠르게 발전할 수 있었다. 19세기 중엽에 이르러 물리학 탐구에는 수학이 절실히 필요해졌으며, 고급 수학적 접근법을 적용하는 이론물리학이 확립되었다. 이론물리학이 확립되자 기상학이 물리학으로부터 독립된 학문으로 분리되었으며, 물·불·공기의 성질에 관한 연구도 화학의 대상이 되었다. 이 시기에는 그동안 독립적으로 다루어지던 여러 영역이 물리학이라는 하나의 학문 체계로 통합되기도 했다. 열, 전기, 빛은 더 이상 개별적 속성이 아니라 상호 긴밀한 관계를 지닌 성질로 확인되었다. 20세기에는 방사선과 미시 세계에 대한 연구 결과를 바탕으로 양자역학과 원자 및 핵물리학이 현대물리학의 새로운 장으로 등장했다. 오늘날 물리학은 이론물리학과 실험물리학으로 구분되기도 하지만, 이는 연구 방법에 따른 분류이며 대상에 따라 소립자, 원자, 반도체, 역학과 같은 분과로 나누는 것이 더 자연스럽게 받아들여지고 있다.

오늘날 물리학은 자연과학 분야 중에서도 가장 기본적이고 포괄적인 영역으로 인정되고 있다. 이는 물리학이 여러 과학에 바탕이 되는 지식을 제공함으로써 각 분야의 과학과 일부의 경계영역을 공유하고 있기 때문이다. 물리학은 화학뿐만 아니라 천문학, 지구과학, 생명과학, 생리학은 물론, 심지어 심리학과도 부분적으로나마 그 영역을 공유한다. 한편으로는 물리학이 다른 과학 분야와 일부 영역을 공유한다는 사실은 모든 자연현상을 물리학적 법칙과 이론으로 설명할 수 있다고 보는 환원론적 견해의 바탕이 되기도 한다. 다른 한편으로는 물리학이 다른 분야의 과학과 마찬가지로 자연의 보편적 원리와 법칙을 추구함으로써 철학 및 그 사상과 밀접한 관련을 맺기도 한다. 물리학의 발달은 그에 바탕을 둔 자연관을 통해 특히 과학철학의 발달에 큰 영향을 미쳤으며 당대의 사상이 반영되어 이루어지기도 했다.

2. 힘·운동·에너지의 속성과 대안개념

현행 2022 개정 과학과 교육과정에서는 힘과 운동이 각각 중학교 《과학 1》과 《과학 3》에 서술되어 있다. 중학교 수준에서 힘은 물체에 변형을 일으키거나 정지한 물체를 움직이게 하고, 움직이고 있는 물체를 정지시키며, 운동하고 있는 물체의 진행 방향을 바꾸는 등 물체의 운동 상태를 변화시키는 원인으로 설명된다. 《과학 1》의 '힘의 작용' 단원에서는 힘의 정의를 비롯해 물체에 작용하는 힘, 중력·탄성력·마찰력·부력의 크기와 방향, 힘의 합력, 질량과 무게, 그리고 힘의 평형 관계를 다룬다.

《과학 3》의 '운동과 에너지' 단원에서는 물체의 직선운동, 자유낙하는 물체의 운동에서 시간에 따른 속력의 변화, 일의 정의, 자유낙하하는 물체의 운동에서 중력이 하는 일, 위치에너지와 운동에너지, 물체의 운동에서 역학적 에너지의 전환과 보존을 다룬다. 힘과 운동에 관한 이러한 개념들은 학생들이 일상생활에서 쉽게 접하는 것들로, 용어 자체만 놓고 보면 누구에게나 친숙하다. 그러나 학생들은 이러한 힘과 운동 개념의 본질적 속성에 대해 잘못 알고 있는 경우가 드물지 않다. 학생들이 흔히 오해하는 힘과 운동 개념의 특성을 요약하면 다음과 같다.

첫째, 힘은 생물체만이 가지고 있다.

둘째, 물체를 일정한 속도로 움직이게 하려면 일정한 힘을 계속 가해 주어야 한다.

셋째, 운동의 양은 힘의 양에 비례한다.

넷째, 물체가 움직이지 않는다면 그것에 작용하는 힘이 없다.

다섯째, 어떤 물체가 움직이고 있다면, 일정한 크기의 힘이 그 물체의 운동 방향으로 작용하고 있기 때문이다.

힘과 운동에 관한 이 다섯 가지 생각은 학생들이 역학을 이해하는 과정에서 기본적인 관념으로 작용하며, 힘과 운동 개념을 학습하는 데 저해 요인이 되기도 한다. 첫째 생각은 저학년 학생들이 많이 가지고 있는 물활론적 관념이다. 이들은 대부분 무생물체도 생명력이나 생기력을 가지고 있어 의지에 따라 스스로 움직일 수 있다고 생각한다. 이러한 직관적 관념은 만물에 생명이 있으며, 물·불·공기·흙의 네 가지 기본 물질은 제자리로 돌아가려는 성질이 있다고 주장한 아리스토텔레스의 생각과도 비슷하다. 아리스토텔레스는 무거운 물과 흙은 아래로 떨어지고, 가벼운 공기와 불은 위로 올라간다고 주장했다. 학생들은 힘을 물체의 한 가지 특성으로 잘못 알고 있으나, 힘은 물체의 모양이나 운동 상태를 변화시키는 물리량으로서 생물체의 고유한 특성이 아니다.

둘째 생각은 일상적 경험을 통해 가지는 관념이다. 학생들은 장난감 자동차를 일정한 속도로 움직이기 위해 일정하게 힘을 가해 본 경험을 가지고 있으며, 자전거를 타고 일정한 속도로 가기 위해 페달을 규칙적으로 밟았던 경험도 기억한다. 이러한 생각은 아리스토텔레스의 역학적 관념이나 중세의 기동력설(impetus hypothesis)과도 비슷하다. 〈그림 2-1〉은 공중으로 쏘아 올린 대포가 낙하하는 궤적을 아리스토텔레스가 제시한 운동 법칙에 따라 그린 그림이다. 아리스토텔레스는 동력자가 물체와 접촉하고 있는 동안에는 물체가 계속 움직인다고 주장했다. 중세의 장 뷔리당(Jean Buridan, 1295~1363)도 기동력을 지속적인 운동을 일으키는 힘으로 정의하고, 물체가 가지는 기동력은 물체의 밀도와 부피, 초기 속도에 비례한다고 주장했다. 움직이는 물체에 계속 힘을 가하면 가속도가 생기므로 가해지는 힘의 방향에 따라 운동이 빨라지거나 느려진다.

셋째 생각은 어떤 물체든 힘껏 밀수록 더 빨리 움직였던 경험에서 비

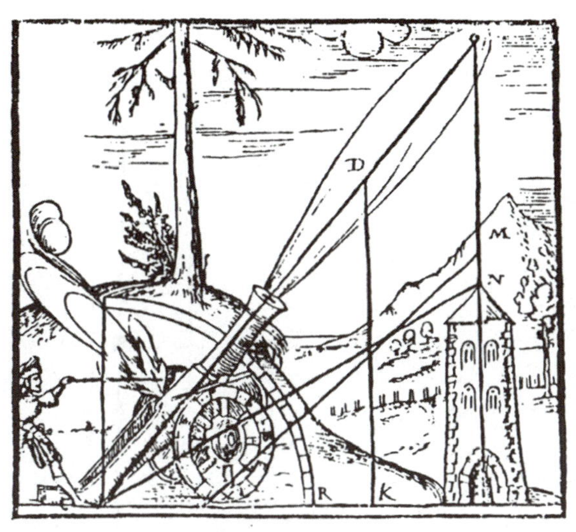

그림 2-1 | 아리스토텔레스 운동 법칙에 따른 투사체의 궤적 상상도

롯된 직관적 관념의 표현이다. 이 생각에는 물체에 일정한 힘을 가하면 가속도가 생긴다는 점이 고려되어 있지 않다. 이런 생각을 가진 학생들은 〈그림 2-2〉와 같은 문제를 제대로 이해하지 못하며, 그 결과 문제를 쉽게 해결하지도 못한다. 그들은 동전을 위로 던질 경우 손을 벗어나는 순간에 작용하는 힘이 가장 크며, 던질 때 생긴 힘이 점점 줄어들어 C 지점에서는 거의 없어져 정지하며 그다음부터는 떨어지기 시작한다고 설명한다. 또한 일부 학생들은 위로 던진 물체가 공기 저항을 받기 때문에 계속 위로 올라가기 어려워 결국 떨어지게 된다고 설명하기도 한다.

〈그림 2-2〉의 왼쪽 그림에서 볼 수 있듯이, 위로 던져진 물체가 올라

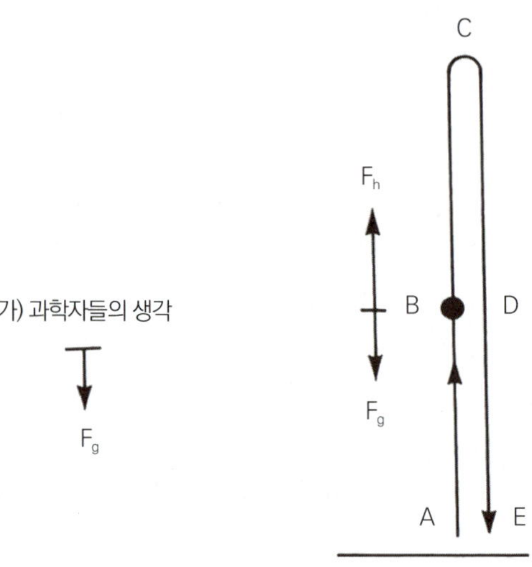

그림 2-2 | 힘의 크기를 묻는 문제

갔다가 떨어지는 운동은 공기의 저항을 무시하면 항상 아래 방향의 중력가속도로 일정하게 떨어지는 등가속도 운동의 한 예이다. 물리학자는 정지해 있는 물체는 물론, 움직이고 있는 물체에도 중력에 의해 아래 방향으로 작용하는 힘이 있다고 설명한다. 실제로 위로 던진 물체는 던지는 순간 손의 힘이 작용해 속도가 붙고, 위로 올라가는 동안에는 중력이 속도와 반대 방향으로 작용해 물체의 속도가 감소하며, 최고점에서 속도가 0이 된 다음에는 중력이 속도와 같은 방향으로 작용해 중력가속도로 떨어진다.

　그러나 대다수의 학생들은 넷째의 관념이 보여주는 것처럼 움직이지 않는 물체에는 힘이 작용하지 않는다고 생각한다. 이러한 직관적 생각을 가진 학생들에게 책상 위에 놓인 책에 작용하는 힘의 방향을 물으면, 그들은 대부분 책상 위에 놓인 책에는 중력만이 작용한다고 대답한다. 그들은 또한 멀리 던져진 물체가 결국 땅에 떨어지는 이유는 그 물체를 던질 때 가해진 힘이 없어지기 때문이라고 대답하는 경우가 많다. 앞으로 멀리

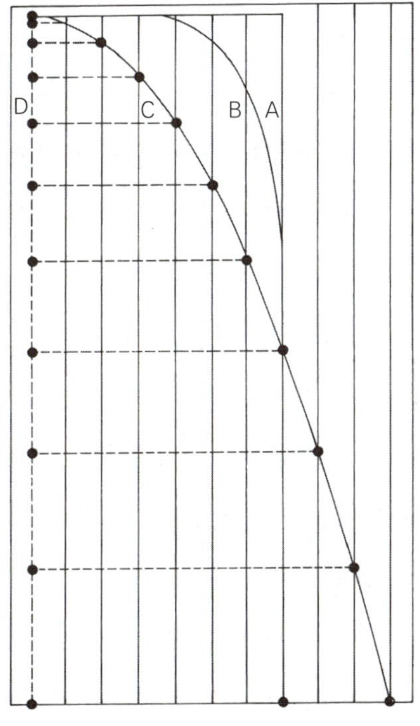

그림 2-3 | 물체의 낙하 궤적

던져진 물체가 떨어지는 궤적의 모양에 대해서도 〈그림 2-3〉에서도 볼 수 있듯이, 궤적 D, B, A와 같은 여러 가지 틀린 대답을 제시한다. 정답은 처음부터 끝까지 포물선을 그리며 떨어진다는 궤적 C이다. C 궤적은 앞으로 던져진 물체의 수평운동과 연직운동을 동시에 보여준다. 물체는 수평 방향으로 등속도 운동을 하며, 중력에 의해 연직 방향으로 등가속도 운동을 한다.

〈그림 2-3〉에서 물체가 A와 같이 어느 정도 수평으로 이동한 다음 수직 아래로 떨어진다는 생각은 아리스토텔레스와 11세기 아비센나(Avicenna, 980~1037)의 견해와도 일치한다. 물체가 B와 같이 어느 정도 수평으로 이동한 다음 포물선에 따라 일정 부분 이동하다가 직선적으로 낙하한다는 생각은 14세기의 삭소니(Saxony)가 제시한 투사체의 삼차원설과 같으며 중세의 기동력설과도 일치한다. 이 생각은 갈릴레오가 C와 같은 투사체의 궤적을 확인하기 전까지 투사체가 떨어지는 궤적을 해석하는 관점을 이루었다. 상당수의 학생은 궤적 C의 끝부분을 직선으로 간주한다. 궤적 D는 볼링볼을 던지기 전에 떨어뜨린 학생들의 생각, 곧 무거운 물체는 던져진 순간 수직 아래로 떨어진다는 설명을 묘사한다.

다섯째 생각은 물체가 움직이는 방향과 그 물체에 작용하는 힘의 방향이 일치한다고 보는 학생들이 지닌 기본 관점이다. 이들은 물체가 운동하는 것은 그 물체에 힘이 계속 작용하기 때문이라고 생각하기도 한다. 〈그림 2-4〉는 용수철 위에 물체를 얹어 놓고 위에서 누른 다음 손을 떼면 그 물체가 위로 튀어 오르는 실험을 보여준다.

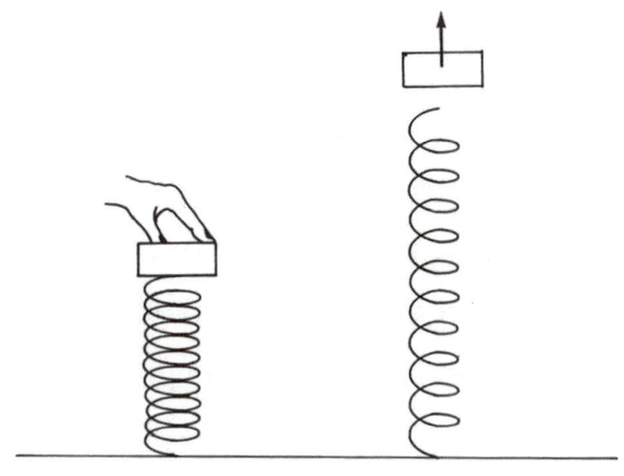

그림 2-4 | 운동과 힘의 방향에 관한 실험

〈그림 2-4〉와 같이 학생들에게 용수철 위에 놓인 물체에 작용하는 힘의 방향을 물으면, 학생들은 힘이 화살표와 같이 위쪽을 향한다고 대답한다. 이들은 힘의 방향이 반드시 직선일 필요는 없다고 주장하기도 한다. 이러한 대답은 학생들이 힘을 운동으로 보거나 힘과 운동을 혼동하고 있기 때문이다. 따라서 힘과 운동의 방향이 서로 다른 문제가 제시되면 학생들은 그 문제를 잘 해결하지 못한다. 〈그림 2-4〉와 같이 용수철을 누르면, 용수철은 손의 힘을 받아 변형되며 원래의 모양으로 되돌아가려는 성질인 탄성을 갖게 된다. 이때 용수철을 구성하는 분자들이 서로 밀어내는 힘이 발생하는데, 이 힘을 탄성력이라고 한다. 용수철을 누르던 손을 떼는 순간 용수철에 저장되어 있던 탄성력이 원래 상태로 되돌아가려는 방

향으로 작용한다.

　이상과 같이 학생들은 힘과 운동에 관한 현상이 주어지면 대개의 경우 일상생활 경험을 통해 획득한 직관적 관념에 따라 그 현상을 바라보고, 그 결과 과학자들과는 다른 의미로 해석하게 된다. 또한 힘과 운동에 관한 문제가 주어졌을 때에도 이러한 직관적 관념을 바탕으로 문제를 해결하려 하기 때문에 틀린 답을 구하는 경우가 많다. 이는 학생들의 직관적 관념이 과학자들이 가지고 있는 과학적 지식에 비해 미분화되어 있을 뿐만 아니라 거의 틀린 것이기 때문이다. 학생들은 이 밖에도 다양한 대안 개념을 파지하고 있는데, 다음에서는 중학교 과학 교육과정에 제시된 '힘의 작용'과 '운동과 에너지' 영역의 몇몇 개념에 나타나는 오개념과 과학적 개념의 예시를 제시한다.

- **대안개념**: 움직이는 물체는 계속 움직이게 하는 힘을 갖고 있다.
- **과학적 개념**: 움직이는 물체는 외부에서 힘이 가해지지 않으면 계속 움직이려 하고, 정지해 있는 물체는 정지해 있으려 한다.
- **대안개념**: 물체를 빨리 떨어지게 하는 중력은 아주 강한 힘이다.
- **과학적 개념**: 강력·약력·전자기력·중력 가운데 강력이 가장 강한 힘이고, 중력은 가장 약한 힘이다.
- **대안개념**: 중력은 떨어지는 물체에만 작용한다.
- **과학적 개념**: 중력은 어떤 물체든 같은 고도에 놓여 있으면 어떤 상태에서나 동일하게 작용한다.

- **대안개념**: 운동하는 물체는 가해진 힘이 모두 사용되면 멈춘다.

- **과학적 개념**: 움직이는 물체는 외부에서 힘이 가해지지 않으면 계속 움직이려 하고, 정지해 있는 물체는 정지해 있으려 한다.

- **대안개념**: 물체는 힘이 작용하는 방향으로 운동한다.

- **과학적 개념**: 움직이는 물체는 운동하는 방향으로 힘이 주어지면 가속도가 생긴다.

- **대안개념**: 진공에는 중력이 없다.; 우주에는 중력이 없다.

- **과학적 개념**: 중력은 진공에서도 작용한다.; 우주에는 고도가 높아서 약할 뿐이지 중력이 작용한다.

- **대안개념**: 물체가 클수록 빨리 떨어진다.

- **과학적 개념**: 물체가 떨어지는 속도는 질량이나 무게와 관계없이 최초의 속도에 달려 있다.

학생들이 대안개념을 갖고 있다는 말은 과학에 대한 교수 – 학습이 일방적 주입 방식으로 이루어져서는 안 된다는 점을 시사한다. 현대의 구성주의 심리학에 따르면, 학생들의 머리는 물을 담는 빈 그릇이 아니며, 정보가 주어지는 대로 저장되는 컴퓨터의 기억소자도 아니다. 학생들의 머릿속에는 항상 어떤 정보가 채워져 있으며, 새로운 정보가 주어지면 기존 정보와의 상호작용을 통해 머릿속에 있는 기존 정보체계가 변화한다. 이 과정에서 학생들은 새로 주어진 정보의 의미를 기존의 정보를 통해 해석하고, 기존 정보에 새로운 의미를 더함으로써 지식을 획득하게 된다.

학생들에게 주어지는 정보가 머릿속에 있는 정보와 같을 경우, 그것은 기존 정보와 중복될 뿐 새로운 의미가 구성되거나 새로운 지식이 획득되지는 않는다. 새로운 지식은 기존의 지식과 모순되거나 기존의 지식만으로는 쉽게 이해되지 않는 정보가 주어졌을 때에만 학습된다. 장난감 자동차를 일정한 속도로 움직이기 위해 일정한 힘을 계속 가해 준 경험이 있는 학생들에게 움직이고 있는 물체에 일정한 힘을 지속적으로 가할 경우 가속도가 붙는 현상을 보여주면 학생들은 인지적 갈등을 경험하게 된다. 이러한 갈등을 해소하는 과정을 통해 학생들은 힘, 속도, 가속도의 개념을 이해할 수 있게 된다.

3. 전기와 자기의 속성과 대안개념

전기와 자기는 학생들이 그 성질을 잘못 이해하기 쉬운 물리 개념 중 하나이다. 실제로 대다수의 중고등학생들은 전기와 자기의 본성을 완전히 이해하지 못한 채 학교교육을 마치는데, 이는 전기가 배우기 어려운 개념임을 반증한다. 그러나 전기는 우리나라의 현행 중학교 2학년 과학 교과서에 '전기와 자기' 단원으로 포함되어 있을 정도로 과학 과목에서 기본적인 개념이다. 또한 전기와 자기는 일상생활에 필수적이며 그 성질을 이용하지 않는 일용품을 찾아보기 어려울 만큼 보편적으로 이용되고 있기 때문에, 학생들은 누구나 전기와 자기를 배우기 훨씬 전부터 그것들의 일상적 용도와 특성에 비교적 친숙한 상태에 놓여 있다.

자석은 물론 헝겊으로 문지른 호박도 다른 물체를 끌어당기는 힘을 가지고 있다는 사실은 고대부터 알려져 왔으나, 전기와 자기의 세부적 특성은 16세기 윌리엄 길버트(Willium Gilbert, 1544~1603)에 의해 처음으로 밝혀졌다. 길버트는 자기를 극성, 상호작용성, 그리고 선택성으로 특징지었으며, 전기를 마찰로 인해 생기는 인력으로 규정함으로써 자기와 전기의 성질을 분명하게 구분했다. 또한 그는 작은 공 모양의 자석을 직접 만들고 이를 이용한 실험을 통해 지구 자체가 하나의 커다란 자석이라는 사실을 알아냈다. 그러나 그가 밝힌 자기와 전기의 특성은 이후 200여 년 동안 물리학자들이 전기가 지닌 척력과 전도성을 이해하는 데 저해 요인으로 작용하기도 했다.

한스 외르스테드(Hans Oersted, 1777~1851)는 19세기에 길버트가 구분했던 전기와 자기의 성질을 동일한 역학 개념으로 통합했다. 외르스테드는 벼락을 맞은 금속이 자기를 띠며, 강철로 만든 철사에 전기를 통하면 자석이 되는 현상을 관찰하고 그 결과를 바탕으로 전기와 자기가 밀접한 관련이 있을 것이라는 가정을 제시했다. 이후 1820년에는 실험을 통해 전류가 나침반에 영향을 미치는 현상을 발견했다. 그는 전류가 흐르는 전선의 위나 아래에 나침반을 놓았을 때 자침이 가리키는 방향이 달라지며, 위와 아래에서 반대로 움직인다는 사실을 확인했다.

프랑스 물리학자 앙드레마리 앙페르(André Marie Ampère, 1775~1836)도 전류가 흐르는 전선에 자기장이 형성되는 현상을 발견함으로써 외르스테드의 가정이 옳았음을 확인하는 동시에 전류가 흐르는 도선 주의에 자기장이 생긴다는 전기의 자기작용을 완성했다. 그는 실험을 통해 전류가 진행하는 방향과 자기력선이 생기는 방향의 관계를 나타내는 앙페르 회로 법칙(Ampère's circuital law)도 발견했다.

영국의 마이클 패러데이(Michael Faraday, 1791~1867)는 앙페르가 발견한 것과 정반대되는 현상을 발견했다. 그는 전선에 흐르는 전류가 자기 효과를 낸다면 그 반대의 효과도 있을 것이라고 가정하고 실험을 통해 그 사실을 확인했다. 그는 〈그림 2-5〉와 같이 막대자석과 코일을 감은 솔레노이드를 이용해 전류를 발생시켜 발전기를 만드는 원리를 발견했다. 그는 결국 자기를 이용해 전기를 만드는 전자유도 현상을 발견함으로써, 자기와 전기가 본질적으로 동일한 물리적 성질임을 또 다른 방식으로 확인했다. 오늘날에는 이들이 남긴 업적을 바탕으로 전기와 자기가 동일한 성질로 인정되고, 전자기(electromagnetism)라는 하나의 용어로 통칭된다.

학생들이 전기에 대해 얼마나 알고 있으며 어떻게 생각하고 있는지에 관한 연구가 전 세계적으로 활발히 진행되었다. 이러한 연구는 과학교육학적 관심에서 이루어졌으나 일부는 전기를 안전하게 이용할 수 있는 방안을 마련하기 위해 수행되었다. 지금까지 밝혀진 전기에 대한 학생들의 생각, 즉 전기에 관해 잘못 알고 있는 개념들을 요약하면 다음과 같다.

- 전기는 쓰면 없어진다.
- 전기는 힘이다.
- 전류는 열이나 빛과 같은 에너지로 전환된다.

그림 2-5 | 패러데이의 전류 발생 실험 장치

- 전기는 탄다.
- 전기는 물이 수도관을 통해 흐르듯이 전선을 따라 흐른다.
- 건전지는 전류를 저장하고 있다.
- +전류와 −전류는 서로 반대 방향으로 흐른다.

이 대안개념은 중학생들이 전기, 전류, 전력, 에너지의 의미를 혼동하고 있음을 드러낸다. 이 생각들은 거시적 현상을 보고 얻은 지식을 통해 미시적 현상과 그 원인을 설명하려는 경향을 보인다. 중학생들은 이 밖에도 전기와 자기에 관한 대안개념을 많이 가지고 있는데, 과학교육학자에 따라서는 학생들이 자연을 보고 해석하는 데 일관성 있게 적용하는

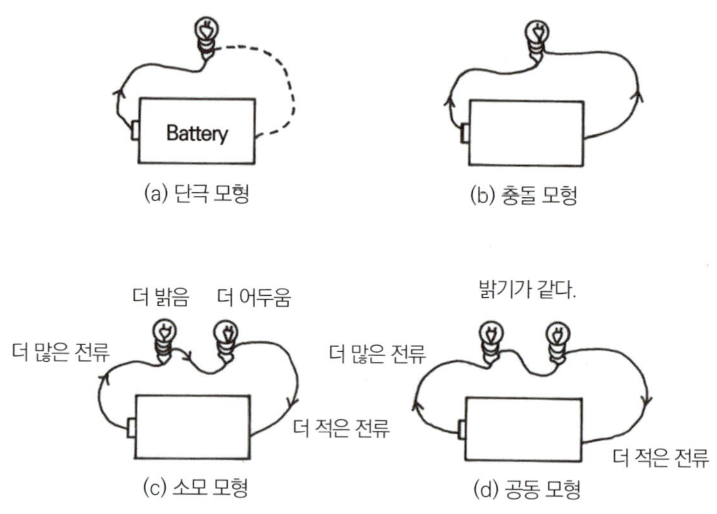

그림 2-6 | 전기 개념의 오인

대안개념을 대안적 개념틀, 아동의 생각, 순진한 관념으로 부르기도 한
다. 이처럼 전기에 관한 대안적 개념틀은 중학생들이 전기에 관한 문제
를 잘 해결하지 못하는 원인으로 작용하는데, 중학생들이 전기 개념을
오인해 전기에 관한 문제를 잘못 해결하는 경우를 예시하면 〈그림 2-6〉
과 같다.

〈그림 2-6〉에서 (a)는 건전지의 -쪽 전선에는 전류가 흐를 필요가 없
고, +쪽 전선만이 활동적이라는 생각을 나타낸다. 이러한 생각을 가진 학
생들은 전구에 불이 들어오기 위해서는 전선 하나만 필요하며, 다른 전선
은 전구를 전지에 안전하게 매달기 위해 사용된다는 견해를 밝힌다. 이러

한 학생에게는 전기회로에 전지·전선·전구가 연결되어 전기가 흘러야 전구에 불이 켜진다는 사실을 설명해 주어야 한다. (b)의 생각은 건전지의 양쪽에서 전류가 흐르고 양쪽의 전류가 전구 안에서 서로 부딪혀 불이 켜진다는 생각으로서 전기는 쓰면 없어진다는 관념의 표현이다. 이러한 학생들은 전기, 즉 전류가 전지의 +극에서 −극으로 흐른다는 사실을 이해하지 못하기 때문에 이와 같은 생각을 하게 된다. (c)는 전류가 회로의 한쪽 방향으로만 흐른다는 생각이다. 이 생각에는 건전지의 한쪽에서 나온 전류가 전구나 전열기를 통과하는 과정에서 소모되므로 +쪽의 전구가 −쪽의 전구보다 더 밝고, 통과한 다음의 전선에 흐르는 전류의 양이 통과하기 전의 전선에 흐르는 양보다 더 적다는 관념이 깔려 있다. 이 관념은 비단 학생들뿐 아니라 일부 과학교사들에게도 보편적인 생각이다. 이러한 학생은 직렬로 연결된 모든 전구에 같은 양의 전류가 흐르고 각 전구의 저항이 같으므로 전구에 걸린 전압도 같다는 사실을 모르고 있다. (d)는 회로에 같은 종류의 전구가 여러 개 달려 있을 경우 각 전구에 같은 양의 전류가 흐르기 때문에 각 전구의 밝기가 같다는 생각을 나타낸다. 그러나 이 생각에도 (c)와 같이 전류가 각 전구를 통과하면서 소모된다는 의미가 함축되어 있다. 전류는 회로를 따라 한 방향으로 흐르며 그 흐름의 과정에서 보존된다는 올바른 생각, 즉 과학적 개념을 가진 학생들은 극소수에 불과하다. 중학생들이 전기와 자기에 관해 가지고 있는 이 밖의 개념과 그에 대한 과학적 개념을 예시하면 다음과 같다.

- **대안개념**: 전지에는 전기가 들어 있다.

- **과학적 개념**: 전기는 물질이 아니며, 전지에는 전자가 있다.

- **대안개념**: 전기는 전자로 되어 있다.

- **과학적 개념**: 전기는 전하의 존재나 이동으로 인해 나타나는 물리적 현상이다.

- **대안개념**: 전류는 전기 또는 에너지의 흐름이다.

- **과학적 개념**: 전류는 전하, 또는 대전 입자의 흐름이다.

- **대안개념**: 전기 회로에서 전기에너지는 순환한다.

- **과학적 개념**: 전기에너지는 전지에서 나와 회로를 따라 이동해 전구에서 빛과 열에너지로 전환된다. 닫힌 전기 회로에서 전하는 순환한다.

- **대안개념**: 전기에너지는 전선 안에서만 흐른다.

- **과학적 개념**: 전기에너지는 전선 밖에서도 전달된다.

- **대안개념**: 자기장은 전하와 아무런 관련이 없다.

- **과학적 개념**: 자기장은 움직이는 전하 때문에 생긴다.

- **대안개념**: 자기력선은 실제로 존재한다. 자기력선은 양전하 쪽에서 음전하 쪽으로 방사상으로 퍼진다.

- **과학적 개념**: 자기력선은 생성되거나 끊어지는 실재가 아니며, 자기력의 크기와 방향을 나타내는 가상의 선이다.

- **대안개념**: 자력은 공기에 의해 매개된다.

- **과학적 개념**: 자력의 작용에는 어떤 매질도 필요하지 않다.

전기는 일상생활에서 흔하게 쓰이지만 그 본성은 추상적인 특성을 지닌다. 따라서 각급 학교에서 사용되는 교과서에서는 전류의 흐름을 수도관을 통해 흐르는 물에 비유해 설명하는 경우가 보통이다. 그러나 이러한 비유법은 학생들이 전류를 오해해 물의 흐름과 동일시하거나 전류의 본성을 잘못 이해하는 원인이 되기도 한다. 물의 흐름과 전기의 흐름은 본질적으로 다르다. 물이 가득 찬 수도관의 한쪽에 압력을 가하면 즉시 반대쪽에 압력이 미치는 것과 마찬가지로, 전선에 전압을 거는 순간 전류가 흐른다는 점에서 물의 흐름과 전기의 흐름이 같다고 말할 수 있다. 그러나 물 분자의 이동을 전자에 의한 전기(전류)의 흐름과 동일시할 수는 없다. 또한 물은 하나의 수도관을 통해 흐르지만, 전류는 닫힌 전기 회로에서만 흐르는 차이도 있다.

학생들이 전기의 본성을 잘못 알거나 배우기 어려워하는 이유는 그들이 전하의 흐름으로 정의되는 전류와 전하의 흐름에 의해 생기는 전기에너지의 개념을 분명하게 구분하지 못하고 오히려 혼동하기 때문이다. 앞에서 고찰한 바와 같이, 전기는 쓰면 소모된다는 생각은 전류를 전기에너지로 혼동한 데서 비롯된다. 전기에너지는 여러 가지 전기 제품을 통과하는 과정에서 열이나 빛에너지로 전환되어 전기에너지 자체는 소모되지만 전류는 보존된다. 그러나 대다수의 학생들은 종종 가전제품에서 소모된 것을 전류로 잘못 알고, 그에 따라 전기 문제를 해결함으로써 틀린 답을 제시하게 된다.

학생들이 학년을 불문하고 전류를 전기에너지와 혼동하고, 그로 인해 전기의 본성을 이해하고 배우는 데 어려움을 겪는 원인도, 그들이 일상적인 경험을 통해 획득한 전기 개념을 적용해 전기의 속성과 현상을 설명하거나 전기와 관련된 문제를 해결하기 때문이다. 오늘날 절전 운동이 우리나라에서뿐만 아니라 국제적으로 강소되고 있는네, 이 또한 전류를 진기에너지로 오해하게 하는 주요 요인이 된다. 가정에서는 전기료를 쓴 전력량에 따라 부과되는 대로 납부하고 있는데, 이런 현실적 상황도 전류를 전기에너지로 오해하게 하는 원인을 제공한다. 이처럼 일상생활에서는 전기의 본성이 아니라 그로부터 나타나는 현상만 주로 다루어지기 때문에 학생들이 전기에 대한 직관적 관념을 가질 수 있는 밑바탕을 제공하는 경우가 흔하다. 이러한 현실적 상황은 과학 교육과정의 내용과 전기에 대한 학습지도 자료가 전기가 나타내는 거시적 현상과 더불어 미시적 특성까지 함께 다루어야 함을 시사한다.

4. 빛과 파동의 속성과 대안개념

생물체는 태양이나 전구에서 발하는 빛이 없으면 살아갈 수 없다. 우리는 눈만 뜨면 빛이 있음을 알 수 있으며, 이를 통해 자연의 만물을 볼 수 있다. 이처럼 빛은 세상 어디에나 널리 존재하지만, 그 성질은 학생들이 이해하고 배우기 어려운 속성을 지닌 과학 개념의 하나이다. 현대의 물리학자들은 중고등학교 수준에서 다루어지는 빛이 대체로 다음과 같은 특성을 지닌다고 본다.

- 빛은 균일한 매질에서는 직진하면서 전파된다.

- 빛은 자체의 파동으로 이동하므로 매질이 필요하지 않다.

- 빛의 전파 속도는 유한하다.

- 빛은 매질을 만나지 않으면 보존된다. 빛은 매질의 구성 원자 또는 분자에 흡수되거나 다른 형태로 변환되어 사라질 수 있다.

- 햇빛과 다른 광원에서 나온 빛의 기본적인 성질은 같다.

이와 같은 빛의 특성에서도 알 수 있듯이, 빛은 추상적 속성을 지니고 있어 학생들이 빛의 본성을 이해하기 어려운 원인이 된다. 학생들에게 빛이 어떤 특성을 지니기 때문에 책상 위에 놓인 책을 볼 수 있는지를 물으면, 일부 학생들은 눈에서 빛이 나와 책으로 가기 때문이라고 대답하거나, 〈그림 2-7〉과 같이 빛 또는 빛과 관련된 물질이 책에서 나와 눈에 도달하기 때문이라고 대답한다. 이러한 생각은 학생들이 밝은 데에서만 사물을 볼 수 있고, 어두운 곳에서는 아무것도 볼 수 없다는 사실을 이해할 때 어려움을 준다.

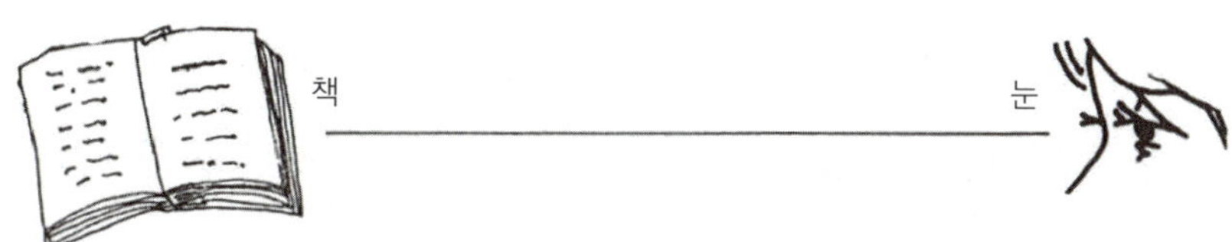

그림 2-7 | 책에서 빛이 나와 눈에 도달해 볼 수 있다는 생각

　빛이 광원이 아니라 물체에서 또는 눈에서 나온다는 생각은 고대에도 있었다. 아리스토텔레스는 우리가 본다는 것은 빛이 관찰 대상으로부터 나와 눈에 도달하기 때문이라고 생각했으며, 유클리드(Euclid, 기원전 330?~275?)와 프톨레마이오스는 빛이 눈에서 나와 관찰 대상으로 가기 때문에 볼 수 있다고 생각했다. 빛의 본성과 색깔에 대한 생각은 12~13세기에 나타났다. 영국 신학자 로버트 그로스테스트(Robert Grosseteste, 1168~1253)와 베이컨은 빛을 백열원에서 나온 교란이거나 그와 같은 상태라고 주장했다. 교란이 눈으로 퍼져 나가 광감각을 자극함으로써 사물을 보게 된다고 설명했다. 16~17세기의 과학혁명기에는 빛에 대한 연구가 조직적으로 수행되었지만, 그 전통은 두 파로 나뉘었다. 첫 번째 전통에서는 빛의 입자설을 받아들여 빛은 밀도가 큰 매질에서 더 빠르게 진행된다는 데카르트의 가정과 1621년 네덜란드의 빌레브로르트 판 스넬(Willebrord van Snell, 1591~1626)이 발견한 빛의 굴절 법칙, 그리고 수차 현상에 주된 관심을 두었다. 빛의 입자설은 현미경과 망원경이 발명되면서 그것들을 개선해 보다 좋은 것으로 만들기 위한 노력을 통해 빛의 본질을 밝히기 위한 연구로 이어졌다. 이 전통에 속한 뉴턴은 수차를 줄이기 위한 실험 과정에서 백광이 입자로 된 여러 가지 색의 빛이 섞인 것이라고 주장했으며, 프리즘을 이용해 여러 가지 색의 광선을 분리해 보임으로써 자신의 주장이 타당함을 증명했다. 그는 1704년에 출간한 『광학』을 통해 빛이 광원에서 방출되는 입자의 직진적 흐름이라고 주장했으며, 이로써 빛의 입자설을 옹호하는 전통을 대표하는 광학자로 인정받게 되었다.

두 번째 전통에서는 빛의 파동성이 주요한 관심사였다. 이 전통에 속한 영국의 로버트 훅(Robert Hooke, 1635~1703)은 빛이 가상의 매질인 에테르(aether)의 진동에 의해 전파되는 파동이라고 주장했으며, 네덜란드의 크리스티안 하위헌스(Christiaan Huygens, 1629~1695)도 빛은 밀도가 작은 매질에서 속도가 더 빠르다고 가정함으로써 파동설을 주장했다. 하위헌스는 파동설을 통해 빛의 반사와 굴절 현상을 잘 설명했다. 그러나 그의 파동설에는 빛의 규칙적인 주기 개념이 포함되어 있지 않았기 때문에, 뉴턴이 제시한 빛의 색 현상이나 그림자가 생기는 이유를 설명하기에는 어려움이 있었으며, 빛의 회절과 간섭 현상을 실험적으로 확증할 수도 없었다.

더욱이 18세기에는 뉴턴의 학문적 권위에 눌려 훅과 하위헌스의 파동설은 널리 받아들여지지 않았다. 19세기에 하위헌스의 파동설을 받아들인 영국의 토머스 영(Thomas Young, 1773~1829)이 빛의 간섭 현상을 관찰함으로써 빛의 파동설은 다시 활기를 찾게 되었고, 그에 따라 빛의 본성에 대한 연구는 새로운 차원으로 끌어올려졌다. 그는 만약 빛이 뉴턴의 주장처럼 물체에서 튀어나온 입자라면 출처에 상관없이 그 속도가 일정할 수 없다고 보았다.

그는 또한 뉴턴의 빛에 대한 이론이 실제로는 빛의 입자성보다는 파동성을 설명한다고 판단하고, 그 특성을 확인하기 위한 실험 장치를 스스로 고안했다. 그는 두 구멍에서 나온 빛이 간섭하는 현상을 발견함으로써 파동설이 타당하다는 사실을 실험적으로 증명했다. 영은 그 실험 결과를 바탕으로 빛이 수면파와 같은 파동성을 지니며 빛의 종류에 따라 고유한 주파수를 지닌다고 주장했다. 그의 이론은 오귀스탱 장 프레넬(Augustin Jean Fresnel, 1788~1827)이 빛의 간섭에 관한 수학적 이론을 제시하고 회절 현상을 설명한 데 이어, 프랑스의 레옹 푸코(Léon Foucault, 1819~1868)가 광속이 진공보다 매질에서 더 느리게 전파된다는 사실을 관측함으로써 이론적 지지를 얻게 되었다.

그러나 빛의 파동설은 새로운 문제를 불러일으켰다. 빛이 파동이라면 수면파가 물을 매개로 전파되듯이 광파를 전달하는 매질의 존재를 가정해야만 했다. 따라서 이 우주는 에테르라는 물질이 가득 차 있어서 공간이란 있을 수 없다는 고대로부터 전해진 생각이 다시 부각되었다. 한편 제임스 클러크 맥스웰(James Clerk Maxwell, 1831~1879)은 전류와 자기장의 특성이 광파와 비슷하다는 것을 수학적으로 표현하고 빛은 일종의 전자기파라고 예언했다. 그는 전자기파도 광파와 마찬가지로 반사하거나 굴절하는 특성을 지니며, 빛보다 파장이 길거나 짧은 전자기파가 있을 것이라고 예측했다. 1888년에 하인리히 루돌프 헤르츠(Heinrich Rudolf Hertz, 1857~1894)가 가시광선보다 파장이 긴 전자기파를 발견함으로써 맥스웰의 예언을 사실로 입증했다. 20세기 초에는 빛을 파동보다는 입자로 보게 하는 X선과 같은 방사선이 발견되어 빛의 입자설이 다시 제기되었고, 1897년 전자를 발견한 조지프 존 톰슨(Joseph John Thomson, 1856~1940)의 에너지 양자가설과 아인슈타인의 광양자설에 의해 빛의 파동성과 입자성을 동시에 설명하는 이중성 이론이 확립되었다.

앞의 논의에서 유추할 수 있듯이, 빛의 본질에 대한 개념은 가설이 제시되고 실험을 통해 입증되는 절차가 반복되는 과정을 통해 발달해 왔다. 이는 빛이 본질적으로 추상적인 개념이기 때문이며, 바로 이러한 추상적인 성질 때문에 빛의 본성은 파악하거나 이해하기 어렵다. 학생들은 가시적인 현상을 통해 자연의 사물과 현상을 보는 습성이 있는데, 빛의 속성을 이해하는 과정에서도 마찬가지다. 학생들은 광원이나 빛에 의해 나타나는 효과를 통해 빛의 본성을 파악한다. "이 방에서 빛이 어디에 있느냐?"라고 물으면 천장에 달린 전구나 빛이 반짝거리는 물체를 가리킨다. 그들은 또한 '낮에는 빛이 밝고 밤에는 더 어둡다'고 말하는 것처럼 빛을 어떤 본질로 이해하기보다 하나의 특수한 상태로 파악한다. 즉 빛을 그 출처와 효과 사이의 공간에 존재하는 명백한 실체로 인식하지 못하고 현상으로만 인식한다. 그들은 이렇게 빛의 본성을 잘 인식하지 못하거나 잘못 이해함으로써 빛에 의해 나타나는 여러 가지 현상을 이해하는 데 어려움을 겪는다. 어떤 학생들은 빛과 그에 의해 나타나는 효과를 혼동하기도 하며, 따라서 빛에 의해 나타나는 한 효과인 그림자를 '어두운 빛'이라고 말하기도 한다.

그런데 의외로 학생들은 빛이 움직인다는 사실 자체는 비교적 잘 알고 있다. 그러나 그러한 생각은 상황에 따라 다르게 표현된다. 학생들은 빛이 '튄다'라거나 '통과한다'라는 말을 자주 쓰는데, 이러한 표현은 빛을 움직이는 속성으로 이해하고 있음을 반증한다. 그들 가운데 어떤 학생들은 빛이 움직이기는 하되 반드시 수평선을 따라 직진한다고 굳게 믿고 있다.

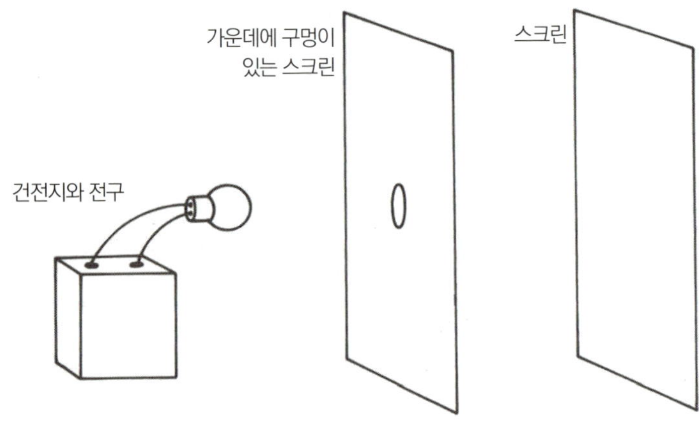

그림 2-8 | 빛의 직진 실험

그들은 〈그림 2-8〉과 같은 문제에서 전구를 구멍과 수평으로 놓지 않을 경우, 스크린에 빛이 나타나지 않는다고 대답한다.

이해하기 어려운 빛 개념 가운데 하나는 어떻게 해서 사물을 볼 수 있느냐에 관한 것이다. 학생들은 본다는 것이 광원에서 나온 빛이 물체에 부딪친 다음 그 물체에서 반사되어 눈에 들어오기 때문이라는 사실을 잘 이해하지 못하고 다양한 내용으로 대답한다. 반짝거리는 물체를 보여주면서 사물을 볼 수 있는 이유를 물었을 때 그들은 물체에서 빛이 나와 눈에 들어오기 때문이라고 대답한다. 여러 가지 색깔의 종이를 보여주며 똑같은 질문을 던지면, 이와는 상반된 반응을 보이기도 한다. 눈에서 빛이 나와 물체에 도달해 밝혀주기 때문에 사물을 볼 수 있다고 대답하는 것이다. 〈그림 2-9〉와 같이 빛이 광원에서 나와 눈에 닿은 다음 물체로 반사되

그림 2-9 | 빛이 눈을 거쳐 물체에 도달한다는 생각

기 때문이라고 대답하는 학생들도 나타난다.

일반적으로 중학생들은 빛이 사물을 보는 과정에서 작용하는 결정적인 요인이라고 생각하지만, 빛이 공간에서 전달되는 과정이나 눈과 빛, 물체 사이의 관계를 분명하게 인식하지 못한다. 따라서 그들은 어두운 곳에서 사물을 잘 볼 수 없는 이유를 제대로 설명하지 못한다. 그들은 그러한 기본적인 인식이 결핍되어 있어서 달에서 찍은 지구의 주위가 칠흑같이 까만 이유도 잘 설명하지 못한다. 학생들에게는 빛이 사물을 밝게 비추어 주며, 눈이 없으면 아무것도 볼 수 없다는 생각이 가장 보편적이고 확실한 지식으로 자리 잡고 있다. 학생들이 갖고 있는 이러한 빛 개념은 학년이 올라감에 따라 대체로 〈그림 2-10〉과 같은 단계를 거쳐 발달하며, 고등학교 수준에 이르면 대다수의 학생들이 빛의 본질과 특성에 대한 올바른 관념을 갖게 된다.

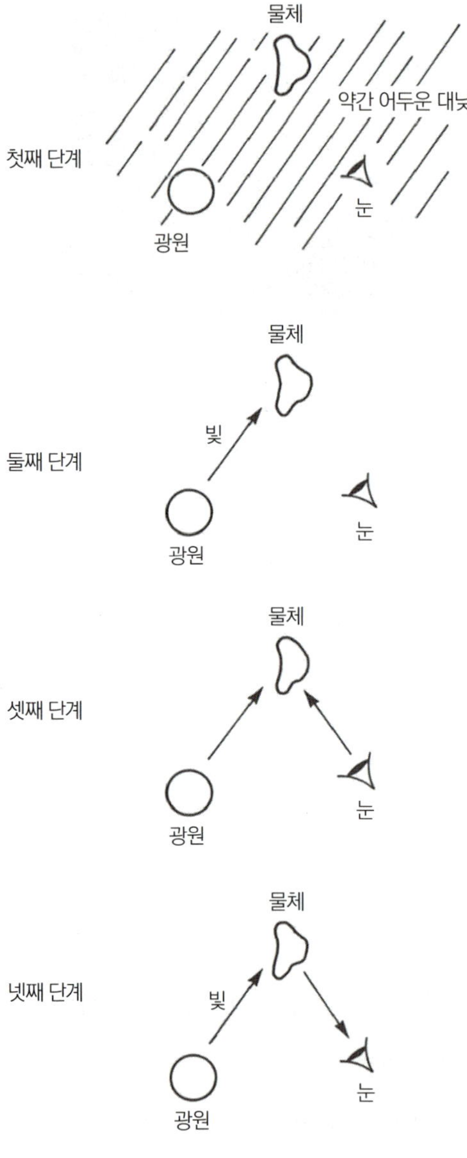

그림 2-10 | 빛 개념의 발달 단계

학생들이 빛의 본질과 특성을 이해하기 어렵게 느끼거나 잘못 인식하는 이유는 빛에 대한 올바른 이해가 부족하기 때문이다. 〈그림 2-10〉에서 첫째 단계는 빛이 공간에 충만해 있다고 생각하며, 눈과 빛, 그리고 사물들 사이의 관계를 구체적으로 나타내지 않는 단계이다. 이런 생각을 가진 학생들은 빛이 공간에서 전파되는 현상을 잘 이해하지 못한다. 둘째 단계는 빛이 물체를 밝혀준다는 관념으로, 눈과 물체 사이에 있어야 할 매개체의 필요성을 전혀 인식하지 못하는 원인이 된다. 빛이 지각적 효과를 낼만큼 강하지 않을 때, 그 존재 자체를 부정한다. 그들은 또한 보고 있는 종이가 빛을 반사하지 않는다고 보며, 따라서 눈이 빛을 받아들여야만 사물을 볼 수 있는 것은 아니라고 믿는다. 셋째 단계는 빛이 눈에서 물체로 이동하기 때문에 볼 수 있다는 생각이다. 이 단계의 학생들은 빛이 보존된다는 생각을 갖지 못한다. 그들은 빛이란 저절로 혹은 물질과의 상호작용을 통해 사라진다고 본다. 넷째 단계는 빛에 대한 과학적 설명이다.

결론적으로 빛에 대한 학생들의 생각은 그들의 경험이나 지각을 바탕으로 형성된다. 저학년 학생들은 직접 경험을 바탕으로 형성된 빛에 대한 직관적 관념, 즉 빛이란 밝은 빛을 내는 물질에 포함된 일종의 효과 혹은 상태라는 생각을 갖는 경우가 많다. 그들은 거울 속에 보이는 상의 존재나 어떤 물체와 그 물체의 그림자가 비슷한 이유를 잘 설명하지 못한다. 이들보다 상급 학년의 학생들은 빛을 공간에 존재하는 독특한 물질로 취급하기도 한다. 그들은 특히 빛이 반사되고 거리에 따라 밝기가 달라지는 현상 등을 근거로 빛을 일종의 물질로 본다. 중고등학생들은 대체로 빛의 가시적 효과와 상태, 그리고 그 출처에 대한 생각을 통해 공간과 빛의 관계를 이해하려 한다. 따라서 그들은 본질적으로 미시적인 속성을 지닌 빛의 본성을 파악하는 데 어려움을 겪는다.

5. 열의 속성과 대안개념

추상적인 속성을 지닌 사물의 본성은 관찰을 통해 직접 지각할 수 없고, 관찰된 현상이나 다른 지식체계에 바탕을 둔 추론을 통해 간접적으로 인식할 수밖에 없다. 추상적인 속성은 그 정의에 따라 직접 지칭할 수 있는 가시적 대상을 갖지 못하기 때문이다. 또한 사물의 추상적인 특성은 모형이나 비유를 이용해 표현할 수밖에 없다. 열과 온도가 바로 이런 종류의 개념이다. 열에 의해 나타나는 현상은 학생들 누구에게나 친숙하다. 그러나 그들은 열의 본질을 정확하게 이해하지 못하고 있는 경우가 대부분이며, 기껏해야 불에 대한 자기 경험을 바탕으로 형성된 직관적 관념을 통해 그 본질을 파악하고 이해하려 한다.

근대(17~19세기)의 자연철학에서는 만물의 기본 요소 가운데 하나로 간주되던 불과 마찬가지로 열 또한 물질의 한 가지 종류라는 생각이 지배적이었다. 베이컨, 로버트 보일(Robert Boyle, 1627~1691), 훅, 뉴턴 등 주로 에너지와 역학에 관심을 두었던 17세기의 자연철학자들은 열을 아주 미세한 입자의 기계적 운동으로 파악하고 그런 입자가 활발히 움직일수록 온도가 올라간다고 주장했다. 그러나 열을 에너지의 한 형태로 보았던 이들의 관점은 18세기에 화학이 발달하면서 열을 물질의 한 종류로 보는 잘못된 견해로 변했다.

일부 18세기 자연철학자들은 열을 열소(caloric)라고 하는 무게가 없는 물질로 생각했으며, 열소설에 따라 두 물체를 마찰시킬 때 열이 발생하는 것은 문질러지는 두 물질에 결합되어 있던 열소가 방출되기 때문이라고 주장했다. 이들은 또한 두 물질 사이에 나타나는 온도의 차이는 그 두 물질 사이를 오고 간 열소의 양 때문이라고 주장했다. 특히 조지프 프리스틀리(Joseph Priestley, 1733~1804)는 나무와 같은 가연성 물질과 달리 금속과 같은 무겁고 비가연성인 물질이 연소할 경우 더 무거워진다는 사실을 확인했으며, 프리스틀리의 영향을 받은 앙투안 로랑 라부아지에(Antoine Laurent Lavoisier, 1743~1794)는 연소를 공기 중의 산소와 물질이 결합해 빛과 열을 내는 현상이라고 설명하는 근대적 의미의 연소설을 확립했다.

자연철학자들이 발견한 열이 소모되어 기계적 에너지로 전환되는 현상은 열역학이 확립되는 동기가 되었다. 사디 카르노(Sadi Carnot, 1796~1832)는 1830년에 열이란 작은 입자들의 운동에 불과하며, 열과 역학적 에너지는 상호가변적인 동일한 속성이라는 견해를 제시했다. 영국의 제임스 프레스콧 줄(James Prescott Joule, 1818~1889)도 열과 일에 관한 연구를 통해 열이 열에너지라고 하는 에너지의 일종임을 밝혀냄으로써 열과 역학적 일이 등가임을 확인했다. 그는 1847년 〈그림 2-11〉과 같은 장치를 고안해 일을 가함으로써 온도가 올라가는 것을 측정했다.

물리학자들은 열을 물체의 온도를 변화시키는 원인으로 정의한다. 열은 계의 상호작용을 일으키는 변수, 즉 에너지 전도의 한 과정이다. 열은 물체의 온도를 변화시킴으로써 그 모양과 상태를 변형시키며 그 성질도 변화시킨다. 한편 온도는 물체의 차고 따뜻한 정도를 수량적으로 나타내는 개념이자 그 속성이다. 온도는 물리적으로 거시적 현상의 특성과 물체의 열평형 상태를 특징짓는 연속적인 양으로서 온도계에 의해 그 값이 측정된다. 그러나 학생들은 열과 온도의 본성을 잘못 인식함으로써 열 또는 온도와 관련된 문제를 쉽게 해결하지 못한다. 그들 가운데 대다수는 열이 물질을 뜨겁게 하며, 한 물체에서 다른 물체로 이동할 수 있고, 또한 물체 내의 한 곳에서 다른 곳으로 이동할 수 있는 물질이라고 생각한다.

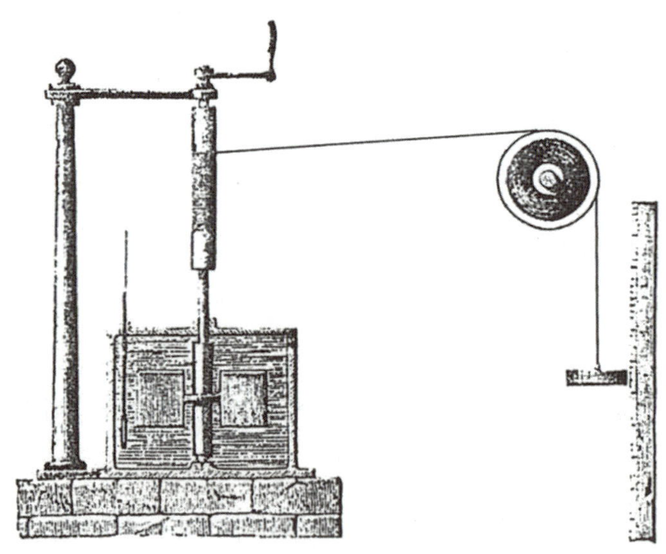

그림 2-11 | 줄의 실험 장치

온도가 다른 두 물체를 접촉시키면 열은 물체의 온도가 높은 쪽에서 낮은 쪽으로 이동해 양쪽의 온도가 같아져 평형상태에 이른다. 즉 임의의 두 계에 온도 차이가 나면 그 계 사이에 열의 전도가 일어난다. 프로판가스로 물을 데울 경우, 불꽃과 물의 온도는 서로 다르며 이때 열은 불꽃으로부터 물로 전도된다. 사실상 열전도는 어떤 계의 내부 에너지를 변화시키는 유일한 방법이다. 한 계의 에너지 상태는 에너지 전도의 형태와 상관없다. 즉 열의 형태로 에너지가 전도되지 않더라도 내부 에너지 상태는 변화될 수 있다.

그러나 학생들은 일상적으로 쓰이는 열의 정확한 의미를 이해하지 못해 열을 내부 에너지와 혼동한다. 열과 온도 개념은 오랜 기간에 걸쳐 발달해 왔는데, 그렇게 될 수밖에 없었던 이유는 그것들이 지니는 본질적 속성이 추상적인 데다가 그와 관련된 현상들조차도 반직관적 특성을 지니기 때문이다. 이러한 반직관적인 특성은 학생들이 열과 온도의 개념을 파악하는 데 어려움을 겪는 원인이 되기도 한다. 중학교 1학년 과학 교과서에는 '열' 단원이 설정되어 있고, 열과 관련된 개념들이 주요한 내용으로 포함되어 있다. 중학교 과학 교과서에는 열과 온도의 관계를 현상적 수준에서 제시하고, 열을 분자 운동 에너지, 즉 열에너지로 표현함으로써 열이 무엇인지를 비교적 구체적이고 체계적으로 서술하려 하고 있다. 그러나 그 내용을 분석해 보면 학생들로 하여금 열과 온도의 본질을 오해하게 할 수 있는 용어와 형식으로 표현된 부분이 적지 않다. 이러한 부분은 학생들이 갖는 다음과 같은 대안적 개념틀의 출처가 될 수 있다.

- **대안개념**: 찬 물체에는 열이 없다.

- **과학적 개념**: 모든 물체는 열을 갖고 있으며, 찬 물체는 온도가 낮은 물체를 가리킨다.

- **대안개념**: 열은 물체에 들어가거나 나오는 물질이다.

- **과학적 개념**: 열은 물체에 들어가거나 나올 수 있는 물질이 아니라, 한 물체에서 다른 물체로 이동하는 에너지다.

- **대안개념**: 따뜻한 물체가 찬 물체보다 열이 더 많다.

- **과학적 개념**: 따뜻한 물체의 온도가 찬 물체의 온도보다 더 높다.

- **대안개념**: 열은 온도와 같은 것이다.

- **과학적 개념**: 온도는 물질을 이루는 입자의 평균 운동에너지에 비례하는 물리량이며, 열은 온도 차이에 의해 물체 사이를 이동하는 에너지이다.

- **대안개념**: 원자는 가열하면 늘어난다.

- **과학적 개념**: 원자나 분자는 열에 의해 늘어나지 않으며, 그것들 사이의 거리는 운동에너지에 따라 증가한다.

과학 교과서에서는 '금속 막대의 한쪽에 열을 가하면 다른 쪽도 뜨거워지는 이유는 열이 금속 막대를 통과하기 때문이다'라는 의미로 표현되는 경우가 있는데, 이러한 표현은 바로 앞에서도 기술했듯이 학생들이 열의 본질을 물질로 파악하는 원인이 될 수도 있다. 이와 더불어 열은 물체에 저장될 수 있는 것, 즉 보온할 수 있는 것, 단열재를 써서 열의 출입을

차단하는 것, 열전도와 같은 표현이나 용어도 열이 물질의 한 가지임을 강하게 암시한다. 더욱이 열물질로 가정했던 열소에서 유래한 칼로리가 열량을 나타내는 단위로 쓰이고 있는데, 이 용어도 학생들이 열을 물질로 파악하는 요인으로 작용한다. 이처럼 학생들이 열을 물질의 일종으로 파악하려는 경향은 그들이 일상적으로 쓰는 용어와 의미를 빌려 자연현상의 인과관계를 설명하는 습관의 한 단면을 보여준다.

과학 교과서에서는 물질뿐 아니라 모든 자연현상의 원인을 비유·유추·모형으로 기술하고 설명한다. 비유는 '세포의 핵'과 같은 은유와 '건포도 푸딩 같은 원자'와 같은 직유로 구분된다. 비유·유추·모형은 과학적 개념이나 이론 그 자체가 아니다. 그러므로 그것들로 열과 온도의 특성을 서술한 교과서를 사용해 열의 개념을 배운 학생들은 열과 온도의 본질을 잘 이해하지 못할 수 있으며, 과학교사가 기대하지 않았던 의미로 잘못 이해하는 경우도 나타날 수 있다.

그들은 열 또는 온도와 관련된 문제가 주어졌을 때 열은 물질이라는 관점을 통해 대답하는 경우를 흔히 보인다. 그들은 찬물과 뜨거운 물을 섞었을 때 뜨거운 물의 열이 찬물로 옮겨져 미지근한 물이 된다고 대답한다. 어떤 학생들은 심지어 찬 열이 뜨거운 물로 옮겨져 그렇게 된다는 견해를 나타내기도 한다. 더군다나 그들은 "10℃의 물 100cc와 20℃의 물 200cc를 섞었을 때 몇 도의 물이 되는가?"와 같은 문제를 풀어 본 경험도 많아 이러한 생각을 자신 있게 표현한다. 학생들은 뜨거운 물과 찬물을 섞으면, 대류가 일어나 미지근한 물이 된다는 사실을 모르기 때문에 이렇게 답할 수밖에 없었다. 온도가 다른 물을 섞을 때, 높은 온도의 물은 팽창해 밀도가 낮아지고 온도가 낮은 물의 밀도가 커지면서 온도가 높은 물이 위로 올라가고 온도가 낮은 물은 아래로 내려가면서 자연스럽게 섞여 온도가 균일해진다.

학생들은 문제에 따라 배운 내용이나 지식을 적용하지 않고, 일상적 경험을 통해 획득한 직관적 관념으로 해결하기도 한다. 예를 들어 "왜 자전거의 플라스틱 손잡이보다 쇠 부분이 더 차갑게 느껴지는가?"와 같은 물음에, 어떤 학생들은 "플라스틱이 쇠보다 더 부드럽기 때문이다"와 같이 자신의 경험을 바탕으로 대답한다. 이러한 생각의 배경에는 돌이 나무보다 더 차갑게 느껴지고, 삼베옷이 무명옷보다 더 시원하게 느껴진다는 일상적 경험이 자리하고 있다. 이러한 생각은 열의 본질을 잘못 이해해서라기보다, 열의 개념을 충분히 이해하지 못한 데에서 비롯된 인식이라고 볼 수도 있다.

03

잘못 알기 쉬운 화학 개념

화학은 대체로 물질의 조성과 성질, 그리고 물질들 사이의 상호작용을 연구하는 학문으로 정의된다. 물질은 물체를 이루는 실체로서 자연세계를 구성하는 기본 요소이다. 현대 과학에서는 물질을 공간의 일부를 차지하고 질량을 가지며 인간의 의식과 독립적으로 존재하는 객관적 실재로 인식한다. 물질 입자는 스스로 운동하며 자연계의 만물이 운동하고 변화되는 원인으로 여겨지기도 한다. 그런데 학생들은 물질의 특성과 그 본성을 잘못 파악해 주요한 화학적 개념을 이해하는 데 어려움을 겪는다. 과학사는 물질관이 어떻게 변해 왔으며, 화학이 과거 2,500여 년 동안 어떻게 발달했는지를 잘 보여준다. 3장에서는 화학이 발달되어 온 과정을 간단히 살펴본 다음, 학생들이 배우기 어렵거나 잘못 이해하기 쉬운 몇몇 주요 화학 개념의 속성과 그 원인을 알아본다.

1. 화학의 속성과 발달

화학을 물질의 속성과 그 행동을 다루는 자연과학의 한 분야로 정의할 때, 그 근원은 고대 그리스의 물질관으로 거슬러 올라간다. 탈레스(Thales, 기원전 625?~547)는 물을 궁극적인 물질로 보았고, 엠페도클레스(Empedocles, 기원전 490?~430?)는 물·불·공기·흙을 만물의 기본 물질로 보았다. 데모크리토스(Democritos, 기원전 460~370)는 만물이 원자로 이루어져 있다는 원자설을 제시했으며, 아리스토텔레스는 엠페도클레스의 4원소설에 에테르라는 제5물질을 더했다. 피타고라스(Pythagoras, 기원전 572?~ 492?)는 만물의 근원을 수(數)로 보았는데, 플라톤은 피타고라스와 함께 자연의 모든 물질과 물체가 〈그림 3-1〉과 같은 다섯 가지 정다면체로 이루어져 있다고 주장했다. 이들 고대 그리스 시대 자연철학자들의 물질관은 신비주의나 목적론적 세계관을 완전히 벗어나지 못했지만, 중세 이후 확립된 기계론적 세계관의 바탕이 되었다. 특히 아리스토텔레스의 물질관은 다른 분야의 개념들과 마찬가지로, 그것이 무너짐으로써 현대 화학이 탄생하는 계기가 되기도 했다.

근대적인 의미의 화학이 물질은 물·불·공기·흙의 네 가지 궁극적인 요소들로 구성되어 있다고 보는 고대 그리스의 자연관이 무너짐으로써 발달했다고 가정할 때, 그 직접적인 근원은 18세기라고 말할 수 있다. 18세기 중엽의 자연철학자들은 여러 종류의 흙을 관찰함으로써 흙을 물질의 궁극적인 구성요소로 보지는 않았으나 나머지 세 가지는 아직도 궁

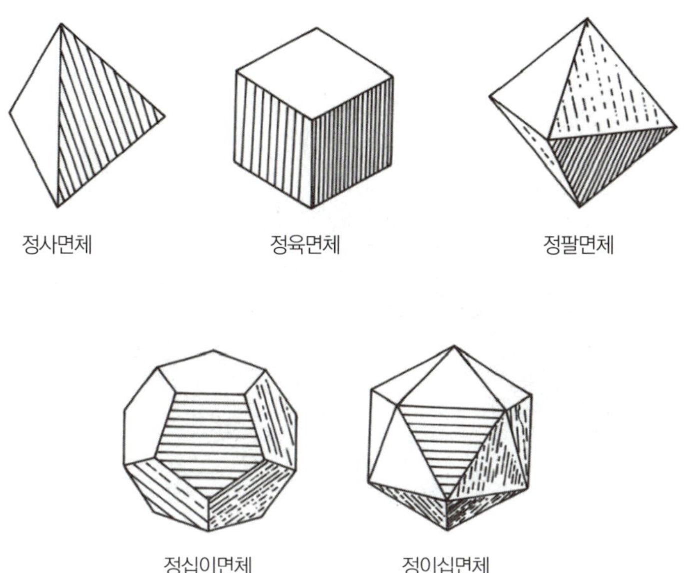

그림 3-1 | 물질의 구성요소로 생각된 정다면체

극적 구성요소로 취급했다. 그 이후의 자연철학자들은 기체의 특성을 밝히는 과정에서 나머지 세 가지도 물질의 근원이 되지 못한다는 사실을 확인했다. 조지프 블랙(Joseph Black, 1728~1799)은 오늘날 이산화탄소로 확인된 '고정된 공기'를 발견하고 그것과 공기 사이의 화학적 차이를 증명했다. 헨리 캐번디시(Henry Cavendish, 1731~1810)는 산에 금속을 반응시켜 수소를 발견했으며, 프리스틀리가 〈그림 3-2〉와 같은 실험 장치를 사용해 공기로부터 산소와 질소를 분리하고 공기가 물질의 궁극적 구성요소가 아니라 여러 가지 기체의 혼합물이라고 주장했다. 만물의 구성요소

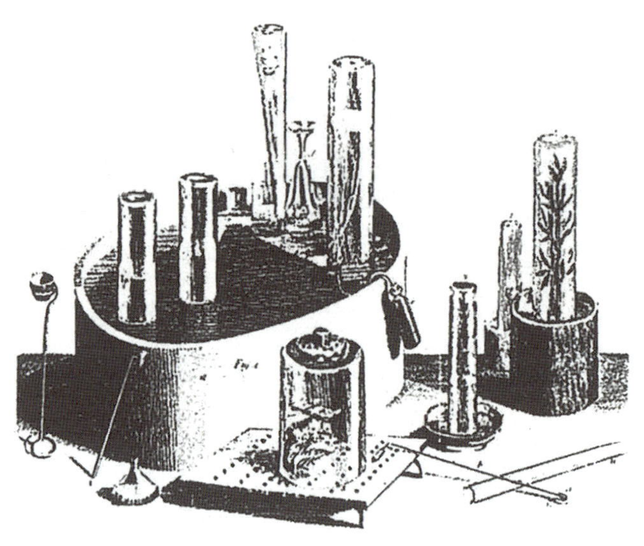

그림 3-2 | 프리스틀리의 실험 장치

로서 물은 수소와 산소가 반응해 물이 생성되는 것을 관찰한 캐번디시에 의해 이미 부정되었다. 19세기에는 이러한 무기화학을 바탕으로 유기화학 분야가 형성되었으며, 이 새로운 분야에서 원자가와 원자 구조 개념이 발달했다. 1870년대에는 드미트리 멘델레예프(Dmitrii Ivanovich Mendeleev, 1834~1907)가 원소 주기율을 발견해 원소의 분류체계가 완성되었고, 그에 따라 현대 화학의 새로운 장이 열렸다. 전기화학 및 열역학과 같은 물리화학도 1880년대에 형성되었다. 톰슨이 1897년 전자를 발견해 화학적 친화도와 관련된 문제를 해결함으로써 오늘의 화학이 발달할 수 있었다.

현대적 의미의 화학은 물질의 반응과 상호작용을 원자 개념으로 설명할 수 있는 실험적·개념적 바탕을 제공한 기체화학의 탄생으로 그 기틀이 갖추어졌다. 기체화학은 17~18세기 플로지스톤설에 따라 공기의 물리·화학적 성질을 밝히기 위한 연구의 결과를 바탕으로 확립되었다. 보일은 공기의 압력은 그 부피에 반비례한다는 사실을 발견하고, 그것이 공기가 스스로 움직이는 작은 입자로 구성되어 있기 때문이라고 가정했는데, 이는 기체가 발견되는 과정의 출발점이 되었다. 즉 보일의 업적은 화학이 물리학으로부터 분리되는 계기가 됨과 동시에 현대 화학이 발달할 수 있는 기틀을 이루었다.

물질의 특성과 물질들 사이의 상호작용을 다루는 학문으로 정의되는 화학의 뿌리는 물질관에만 있지 않다. 화학은 고대~중세의 야금·양조·염색·제혁 기술, 물질은 불변적 실재로 또는 변형 가능한 것으로 본 그리스의 사변적 철학, 비금속을 귀금속으로 바꿀 수 있다고 보고 그러한 노력의 방향을 제시한 연금술, 16세기 파라셀수스(Paracelsus, 1493~1561)가 의학에 화학적 개념을 도입한 의화학(iatrochemistry) 등 여러 요소의 영향을 받아 형성되었다. 그러나 화학적 현상들이 비교적 복잡한 것에 비해 순수한 물질에 대한 개념이 없었고, 원소에 대한 개념도 확실하게 정립되어 있지 않아 모호했으며, 특히 기체의 개념이 확립되지 않았기 때문에 18세기까지는 화학이 자연철학의 범주를 벗어날 수 없었다.

2. 기체의 성질과 대안개념

물질은 온도와 압력에 따라 기체, 액체, 고체로 변화한다. 그러나 학생들은 그 상태에 따라 물질의 속성을 다르게 인식하는 경우가 흔하다. 그들은 특히 기체 상태에 있는 물질의 특성을 이해하기 어려워하며, 공기와 기체 상태의 물질 사이의 관계를 이해하는 데는 더욱 어려움을 갖는다. 또한 기체를 공기와 구분하는 데에도 곤란을 겪는다.

공기는 주변에 충만하고 일상생활 환경의 한 부분을 이룬다. 그러나 그것은 너무 흔하고 누구에게나 친숙하며, 게다가 보이지 않기 때문에 학생들은 그 성질을 인식하려 하거나 의식적으로 생각해 보지도 않고 단지 당연한 존재로 취급할 뿐이다. 공기는 기체의 한 형태로서 지구를 둘러싸고 있는 대기의 하층부를 구성하는 무색·무취의 투명한 기체이다. 고대 그리스의 자연철학자들은 이러한 공기를 4원소의 하나에 포함시켜 만물의 기본 물질로 취급했다.

용어 '기체'는 17세기 얀 밥티스타 판 헬몬트(Jan Baptista van Helmont, 1577?~1644)가 처음 사용했으며, 이 개념 또한 고대로부터 물질과 관련해 중요하게 취급되어 왔다. 그런데 18세기 말까지도 기체가 화학적 물질이라는 관념은 확립되지 않았다. 다양한 형태로 나타나는 기체는 다른 종류의 입자들이 혼합된 공기에 불과하다는 생각이 지배적이었다. 기체가 고유한 원자로 구성되어 있다는 생각은 영국 화학자 존 돌턴(John Dalton, 1766~1844)이 처음 제기했다. 돌턴은 1803년 기체가 〈그림 3-3〉과 같이

그림 3-3 | 돌턴의 원소와 원자량

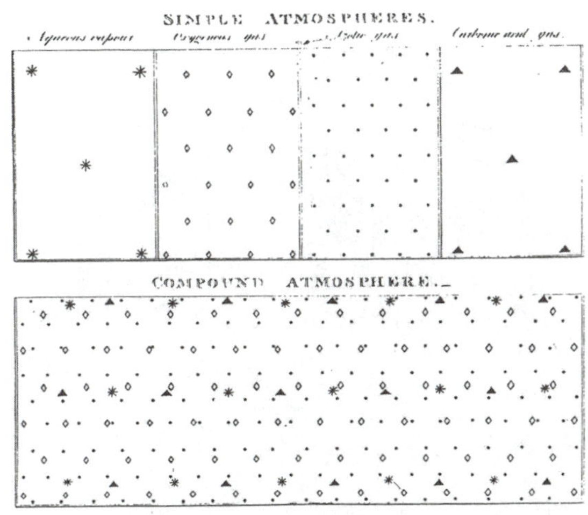

그림 3-4 | 돌턴이 제시한 공기의 구성

기체에 따라 다른 원소들로 이루어져 있다고 보았다.

돌턴은 무거운 기체는 무거운 원자로, 단순 기체는 한 가지 원자로, 그리고 복합 기체는 여러 종류의 원자들로 이루어져 있다고 생각했다. 그는 이런 관점을 기반으로 공기가 〈그림 3-4〉와 같이 여러 종류의 기체 입자로 구성되어 있다고 주장했다. 돌턴은 이러한 관념을 바탕으로 여러 종류의 기체가 섞여 있을 때 혼합 기체의 전체 압력은 각 성분 기체의 부분 압력의 합과 같다는 돌턴의 법칙(Dalton's law)으로 일컬어지는 부분 압력 법칙을 확립했다.

기체와 물질의 속성 및 그것들의 세부적 관계는 블랙과 라부아지에가 처음 밝혔다. 블랙은 공기와 고정기체(이산화탄소)의 화학적 다름을 증명

그림 3-5 | 라부아지에의 산소 발생 실험 장치

했으며, 라부아지에는 〈그림 3-5〉의 장치를 직접 제작해 산소 기체를 발생시켜 기체가 모든 물질이 가지는 세 가지 상태의 하나라는 것을 입증했다. 조제프 루이 게이뤼삭(Joseph Louis Gay-Lussac, 1778~1850)이 1808년 배수비례 법칙을 발표하고, 아메데오 아보가드로(Amedeo Avogadro, 1776~1856)가 1811년 동일한 조건에서 같은 부피의 기체는 같은 수의 입자를 포함한다는 아보가드로의 가설을 제시함으로써 기체가 물질의 한 상태라는 것이 더욱 분명해졌다. 게이뤼삭과 아보가드로에 이어 이탈리아 화학자 스타니슬라오 칸니차로(Stanislao Cannizzaro, 1826~1910)가 1850년대에 분자량 혹은 몰(mole) 개념과 원자량 개념을 확립해 기체는 물질의 한 상태임을 더욱 확고하게 입증했다.

물질의 세 가지 상태 가운데 하나인 기체는 비교적 높은 온도와 낮은 압력에서 나타난다. 기체는 고체나 액체와 달리 일정한 모양과 부피를 유지하지 못하고, 담는 그릇에 따라 변한다. 기체의 밀도가 고체나 액체의 것보다 작고, 그만큼 쉽게 압축될 수 있기 때문이다. 고체나 액체 상태에서는 1㎤마다 10^{22}~10^{23}개 정도의 분자가 함유되어 있음에 비해, 기체일 때는 같은 부피에 2.8×10^{19}개 정도의 분자를 포함한다. 이 때문에 기체 분자들 사이의 평균 거리는 고체와 액체의 분자 사이의 거리에 비해 수십 배나 되며, 따라서 기체에서는 분자들 사이의 상호작용이 상대적으로 약하고 그만큼 자유롭게 운동한다. 학생들은 《과학 1》의 '기체의 성질'에 관해 다음과 같은 대안개념을 갖고 있다.

- **대안개념**: 기체는 물질이 아니다.

- **과학적 개념**: 기체는 원자나 분자로 이루어진 물질의 한 상태이다.

- **대안개념**: 공기/기체는 질량이 없다.

- **과학적 개념**: 공기는 질량을 가진 산소·질소 등으로 이루어져 있다.

- **대안개념**: 가열된 공기는 찬 공기보다 더 무겁다.

- **과학적 개념**: 부피와 압력은 달라질 수 있지만, 무게는 같다.

- **대안개념**: 기체는 가열하면 뜨거워진다.

- **과학적 개념**: 기체는 가열하면 입자의 운동이 활발해진다.

- **대안개념**: 가열된 공기는 입자가 확장되어 양이 늘어난다.

- **과학적 개념**: 열을 가해도 원자 자체의 크기가 커지는 것은 아니다.

이와 같이 공기와 기체는 분명하게 구분되지 못하고 오히려 혼동되는 경향이 있다. 공기와 기체의 혼동은 '가스'라는 일상적인 용어에 기인하기도 한다. 일상생활에서 가스는 라이터, 스토브, 도시가스와 어울려 쓰이고 있다. 학생들은 기체의 본질적 특성을 통해 공기나 다른 물질의 기체를 이해하지 못하고 이러한 일상생활에서 흔히 접하는 기체의 특징을 통해 그 본질을 이해하려 한다.

공기는 지구 표면 어디에나 존재하며, 물질이 찰 수 없는 곳까지도 들어가는 성질을 지닌다. 학생들은 이러한 관념과 더불어 공기가 항상 움직이는 성질을 가진다고 옳게 생각하기도 한다. 그러나 공기와 기체도 질량을 지닌다는 사실을 이해하는 데에는 어려움을 겪는다. 심지어 공기의 양이 많을수록 더 가벼워진다고 생각한다. 이러한 경향은 여러 색을 띠는 유색의 기체보다 무색의 기체를 사용할 때 더욱 뚜렷이 나타난다. 이는 무색의 기체보다는 유색의 기체가 물질적인 특성을 더 짙게 드러내기 때문이다.

학생들은 기체에 대해 부피와 양을 혼동하는 경향도 보인다. 학생들에게 〈그림 3-6〉과 같이 주사기 한쪽을 막고 눌렀을 때 그 안에 들어 있는 기체의 부피가 어떻게 되는지를 물으면, 많은 학생들이 그 부피가 같다고 대답한다. 그 이유를 물으면 더 이상의 공기가 들어가거나 나오지 않았기 때문이라고 설명한다. 더 나아가 손잡이를 누르고 있는 손을 놓으면 다시 제자리로 돌아가는 것이 이를 증명한다고 대답하기도 한다. 이는 학생들이 기체의 부피보다는 보존되는 기체의 양에 대한 생각을 바탕으로 대답하고 있음을 보여준다.

학생들은 기체분자의 운동 개념을 갖고 있지 않기 때문에, 기체, 공기, 진공이 온도에 따라 어떻게 변하는지에 대해 확실한 신념을 갖지 못하는 경우가 흔하다. 이러한 이유로 공기의 온도 변화에 따라 나타나는 여러

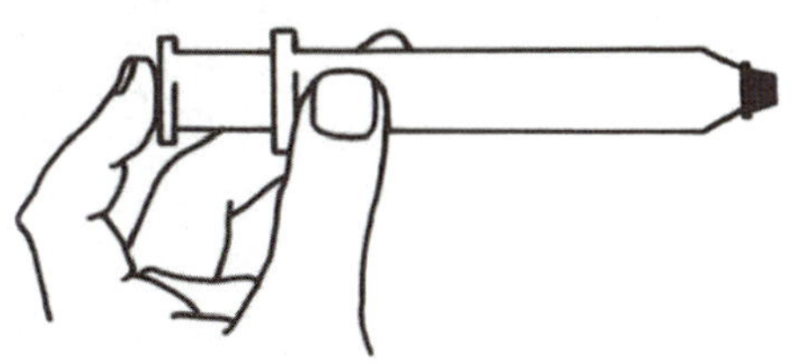

그림 3-6 | 주사기를 이용한 기체의 부피 실험

가지 현상을 이해하는 데 특히 큰 어려움을 겪는다. 일부 학생들은 공기와 기체는 가열할 수 없다고 생각한다. 이러한 생각을 가진 학생들 가운데에는 공기나 기체가 없는 진공에서는 온도가 전혀 변하지 않는다고 이해하는 학생들도 있다.

공기를 실체가 없는 빈 공간으로 인식하는 학생들은 기체에 열을 가하거나 온도를 낮출 때, 부피가 아니라 그 양이 늘어나거나 줄어들 것으로 예측한다. 〈그림 3-7(a)〉와 같이 시험관 한쪽에서 열을 가하면 공기의 양이 늘어나 풍선이 팽팽해진다고 대답하며, 열이 가해진 기체는 그 양이 줄어 더 가벼워질 것이라고 가정하기도 한다. 용기에 열을 가하면 압력이 증가한다는 사실을 아는 학생조차도 그 원인을 물으면 열에 의해 공기가 압축되었기 때문이라고 대답하거나 열이 더 많은 양의 공기를 생성했기

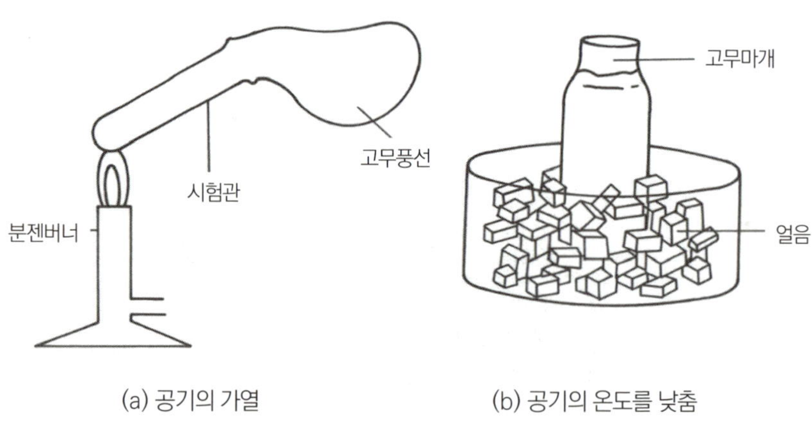

(a) 공기의 가열   (b) 공기의 온도를 낮춤

그림 3-7 | 온도에 따른 공기의 부피 변화 실험

때문이라고 대답한다. 일부 학생들은 열을 가하면 공기가 확장되어 그 양이 더 많아진다고 생각하기도 한다.

학생들은 경험을 통해 공기는 열을 잘 전달하지 못하지만 고체와 액체는 열을 잘 전달한다고 생각한다. 학생들은 〈그림 3-7(b)〉와 같이 얼음으로 기체의 온도를 낮추면 그 부피가 줄어든다고 생각한다. 이러한 사실은 어린 학생들이 기체의 부피를 그 양과 혼동하고 있음을 보여준다. 또한 공기의 질량이 보존된다는 사실을 이해하는 학생이 그다지 많지 않으며, 특히 기체의 온도 변화와 관련지어 기체의 특성을 이해할 수 있는 학생들은 더욱 적다는 점을 보여준다.

학생들은 온도 차이에 따른 압력의 차이를 이해하는 데도 많은 어려움을 겪는다. 학생들은 온도가 높아질수록 따뜻한 공기의 압박으로 압력이 높아진다고 대답하기 일쑤다. 그러나 온도가 낮아질 경우에는 압력이 낮아진다는 사실을 받아들이려 하지 않는다. 오히려 부피가 달라질 때마다 압력에 차이가 나타날 것이라고 쉽게 말한다. 즉 부피가 줄어들면 그 양이 줄어들기 때문에 압력도 함께 줄어든다고 줄기차게 믿는다. 따라서 그들 가운데 많은 학생은 빈 병의 마개를 닫았을 때와 열었을 때 병 안의 공기의 양, 곧 압력이 서로 다를 것이라고 믿는다.

기체도 접촉하고 있는 면에 힘을 가한다. 고무풍선의 안쪽 면에는 항상 힘이 작용하며, 용기 안에 들어 있는 물의 표면에도 공기의 힘이 미친다. 기체가 미치는 힘의 방향은 항상 접촉면에 수직이며, 언제나 기체의 안쪽에서 접촉면을 향한다. 이 때문에 기체의 힘 대신 기체의 압력이라는 표현이 더 보편적으로 사용된다. 압력은 벡터량이 아니다. 기체의 평형상태를 결정하는 것도 벡터량이 아니라 온도를 포함한 스칼라량이다. 그러나 학생들은 기체가 압력과 온도에 상관없이 언제나 힘을 내고 있다는 사실을 잘 이해하지 못한다.

학생들이 기체의 힘과 압력을 이해하는 데 어려움을 겪는 원인은 그들이 적어도 세 가지 중요한 점을 제대로 이해하지 못하고 있기 때문이다. 첫째, 운동하고 있는 기체만이 힘을 낸다고 생각한다. 이들은 맥박계로 맥박을 잴 때 팔에 감은 밴드가 부풀어 오를 경우에만 기체가 압력을 미친다고 생각한다. 반면에 팽팽한 상태에서 더 이상의 공기를 압축하지 않을 때는 압력이 없다고 대답하는 경우가 많다. 이들은 평형상태의 기체는 아무런 힘이나 압력도 미치지 않는다고 생각한다. 둘째, 기체는 힘이 가해지거나 열을 받을 때에만 힘을 미친다고 생각하는 학생들이 많다. 기체가 힘을 발휘하기 위해서는 반드시 외적 요인이 필요하다는 견해를 지니고 있다. 또한 온도가 변할 경우, 그 온도에 따라 기체가 미칠 수 있는 힘의 크기도 변한다고 생각한다. 〈그림 3-7(a)〉와 같이 시험관의 아래쪽에 열을 가하면 뜨거운 공기가 본래의 찬 공기를 풍선 안으로 밀어 넣어 풍선이 부풀어 오른다고 설명한다. 셋째, 기체의 힘은 한쪽 방향으로만 작용한다고 본다. 운동하는 기체가 미치는 힘의 방향을 그 운동 방향과 일치시키려 하며, 움직이지 않는 기체에 대해서는 그 원인을 온도의 변화에서 찾는다. 공기가 팽팽하게 들어 있는 풍선을 위에서 손가락으로 누를 때, 풍선 안에 있는 기체의 힘은 〈그림 3-8〉과 같이 중심에서 사방으로 작

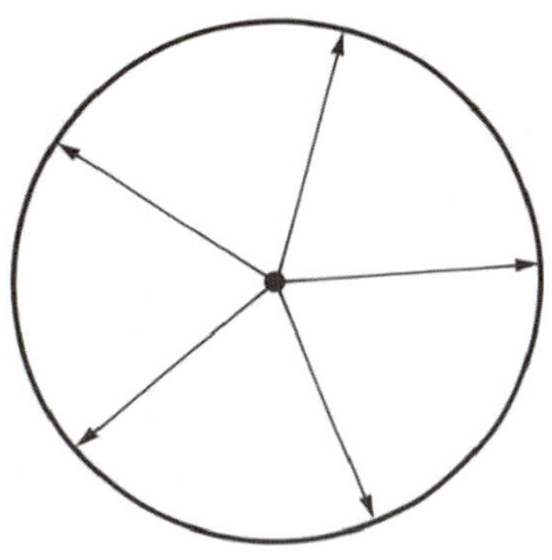

용하지만, 학생들은 그 힘이 위에서 아래로 향한다고 주장한다.

특히 중학교에서 기압과 관련된 상황에서 기체가 내는 힘의 존재를 쉽게 인식하지 못하는 학생들이 많다. 따라서 이러한 학생들에게 상황과 소재가 다른 기체 문제가 주어지면 다양한 응답이 나오는 것은 당연해 보이기도 한다. 예를 들면 〈그림 3-9〉와 같은 문제가 주어질 때 학생들은 대체로 다음과 같은 생각을 바탕으로 문제를 해결한다.

- 대기는 압력차가 있을 때에만 압력을 나타낸다.
- 대기는 표면에만 압력을 미친다.
- 진공은 압력을 흡수하거나 방출한다.
- 공간은 반드시 채워진다.
- 공기는 내부의 압력을 흡수하거나 밀어낸다.

학생들은 〈그림 3-9〉와 같은 문제가 주어졌을 때 어느 경우든지 하나의 원인이나 힘으로 해결하려 한다. 그들은 기체가 움직이는 방향으로 힘을 가하면 단 한 번의 작용만이라도 즉시 가시적인 효과를 낼 수 있다고 본다. 그들은 기체의 운동에 집중하고 그 성실에 따라 기체 문제를 해걸하려는 경향을 보이기도 한다. 즉 기체의 성질과 그 현상에 관한 문제를 기체가 지닌 힘이 아니라 기체의 운동을 이용해 해결하려 한다. 일반적으

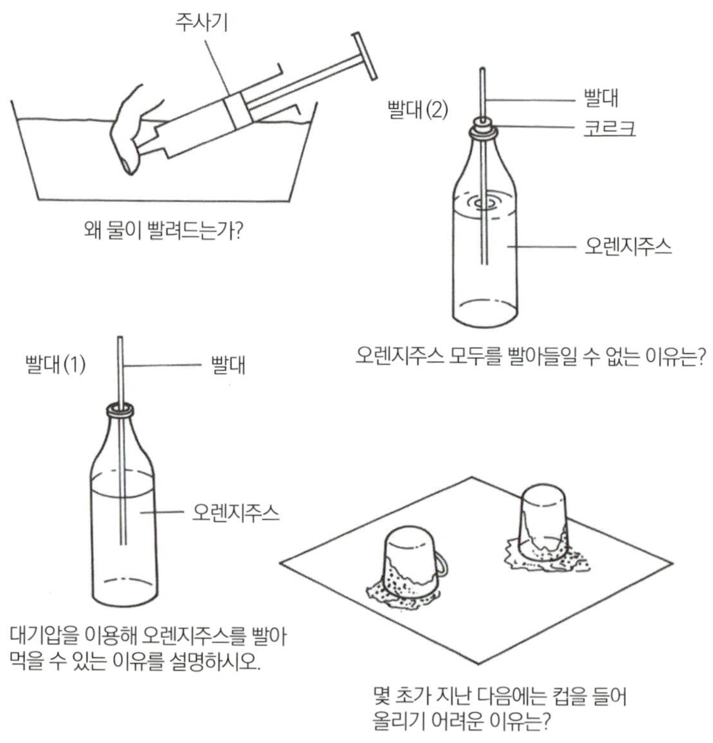

그림 3-9 | 대기의 압력을 알아보기 위한 과제

로 그들은 하나의 원인만을 생각하기 때문에, 여러 요인이 상호작용하는 상황이나 소재를 활용한 문제를 해결하는 데 어려움을 겪는다.

3. 물질의 구성과 대안개념

각급 학교 화학교육의 목적 가운데 하나는 물질의 입자성을 중심으로 물질의 구성을 이해하는 데 있다. 물질의 입자설은 자연에서 일어나는 불연속적 변화의 원인을 설명하기 위해 제시되었으며, 물질과 변화의 연속성에 대한 전통적 이론의 대안으로 제시되기도 했다. 이러한 입자설은 19세기에 화학뿐 아니라 생명과학과 물리학에서도 중요한 연구 대상이 되었다. 유전은 생식질의 작용으로 이해되면서 그 과정이 입자를 전달하는 기구를 이용해 설명되었고, 전기의 본성이 밝혀지기 전까지는 전기 역시 하전된 입자로 취급되기도 했다.

현대의 입자설은 양자설이 확립되고 그 이론이 원자 구조의 규명에 적용되면서 완성된 것으로 볼 수 있다. 원자 구조에 대해 제기된 여러 가설들은 전자가 입자로 밝혀짐에 따라 원자론으로 통합되었다. 전기분해 과정에서 전기가 흐르는 과정을 관찰한 헤르만 헬름홀츠(Hermann Helmholtz, 1821~1894)는 1881년 전기가 입자의 형태로 존재한다는 가설을 제시했으며, 10년 후 조지 스토니(George Stoney, 1826~1911)는 그 전기의 기본 단위를 '전자'라고 명명했다. 전기가 낮은 압력에서 기체를 통과하는 현상을 관찰하는 방법은 원자의 구조를 연구하는 방법이 되었다. 조지 톰슨(George Thomson, 1892~1975)은 기체 속을 흐르는 전기의 성질을 분석하는 과정에서 전자를 발견했고, 이를 바탕으로 화학 원소들은 음전하의 전자들이 양전하의 입자들에 의해 뭉쳐져 있는 것이라고 가정했다. 어니스트 러더퍼드(Ernest Rutherford, 1749~1819)는 톰슨이 말한 양전하가 원자핵에 해당함을 확인하고, 원자는 그 무게의 대부분을 차지하는 원자핵과 그것을 둘러싸고 있는 전자로 구성되어 있다고 주장했다. 러더퍼드의 원자 모형은 물질의 기본적 구성요소가 원자, 즉 입자임을 보여준다.

과학사의 전개를 보면, 물질은 더 이상 나눌 수 없는 순수한 물질인 원소로 구성되어 있다는 사실을 알 수 있다. 2022 개정 교육과정의 중학교 2학년 과학 성취기준에 따르면, 원소는 원자로 이루어져 있으며 원자는 양성자·중성자·전자로 구성된다. 또한 물질을 이루는 입자는 원자·분자·이온으로 존재할 수 있다고 기술되어 있다. 학생들은 이러한 원소와 원자에 대해 다음과 같은 대안개념을 가지고 있어, 물질의 구성에 대한 학습에 저해 요인으로 작용한다.

- **대안개념**: 원소는 모두 고체이다.
- **과학적 개념**: 표준 온도와 압력에서 수은과 브롬은 액체이고, 헬륨·네온·수소·산소 등 11가지 원소는 기체이다.
- **대안개념**: 원자는 시간이 지나면 사라지는 물질이다.
- **과학적 개념**: 원자는 붕괴되어 다른 원소로 변하기는 하지만 화학 반응에서 원자는 없어지거나 새로 생기지 않고 재배열된다.

- **대안개념**: 물질을 구성하는 가장 작은 입자는 원자이다.
- **과학적 개념**: 물질을 이루는 기본 입자는 원자이며, 물질의 종류에 따라 원자, 분자 또는 이온이 물질의 성질을 나타내는 가장 작은 단위가 된다.
- **대안개념**: 전자는 행성이 태양의 주위를 공전하는 것과 같이 원자핵 주위를 돈다.
- **과학적 개념**: 전자의 위치는 전자가 존재할 가능성이 큰 영역인 전자구름으로 설명된다.
- **대안개념**: 원자핵과 전자 사이 공간은 공기로 가득 차 있다.
- **과학적 개념**: 원자핵과 전자 사이, 원자들 사이, 분자들 사이의 공간은 대부분 비어 있으며, 전기적 힘과 같은 여러 가지 힘이 작용하고 있다.
- **대안개념**: 고체는 그 안에 공간이 없다.
- **과학적 개념**: 원자와 원자 사이뿐만 아니라 원자 자체에 공간이 많다.
- **대안개념**: 양이온은 중성 원자에 양성자가 더해진 것이다.
- **과학적 개념**: 양이온은 중성 원자에서 전자가 나간 것이다.

각종 화학 교과서에 제시되어 있듯이 물질의 변화로 나타나는 화학적 현상은 반드시 물질이 연속적인 것이 아니라 입자적 특성을 지니고 있다는 것을 이해해야 인과적으로 설명될 수 있다. 물질의 입자성에 대한 생각은 고대 그리스 시대에도 제기되었다. 고대 그리스의 원자론자들은 물질이 진공을 자유롭게 떠다니는 과정에서 서로 부딪치거나 엉키어 뭉쳐진 원자들로 구성되어 있다고 보았다. 그러나 그들의 견해가 금세기 초까지 자연철학자나 과학자들에게 쉽게 받아들여지지 못했다. 그들이 고대 원자론자들이 보인 물질관을 받아들일 수 없었던 주된 이유는 완전한 진공이란 있을 수 없다는 생각이 지배적이었기 때문이다.

진공은 물질의 운동과 관련해 고대 그리스 시대부터 자연철학자들의 주요한 관심 분야였다. 원자론자들은 원자가 존재하고 운동하는 상태를 설명하기 위해 진공의 존재를 가정할 수밖에 없었다. 반면 아리스토텔레스는 진공이 있다면 마찰력이 없어 물체가 무한대의 속도로 떨어질 것이라는 가정을 전제로 진공의 존재 자체를 부정했다. 그러나 갈릴레오는 〈그림 3-10〉과 같은 장치를 이용해 우주에 진공이 존재할 수 있음을 보였고, 블레즈 파스칼(Blaise Pascal, 1623~1662)은 〈그림 3-11〉과 같이 수은과 유리 막대를 이용해 진공의 존재를 증명했다.

고대의 자연철학자들은 물론이고 근대의 과학자들조차도 물질이 입자적 특성을 띠고 있다는 사실을 오랫동안 받아들이지 못했던 또 다른 이유는, 그들이 일상적 경험과 그 경험에 바탕을 두어 형성된 선입관을 통해 그 특성을 파악했기 때문이다. 이러한 점에 비추어 보면, 지적 경험의 범위가 한정되어 있고 주로 그런 경험을 기초로 형성된 선행지식을 통해 자연의 사물과 현상을 내면화하는 어린 학생들이 물질의 본질을 이해하기는 더욱 어려울 수밖에 없다. 특히 저학년 학생들이 기체 상태의 물질이 지니는 특성을 이해하기는 더욱 어려울 수밖에 없다.

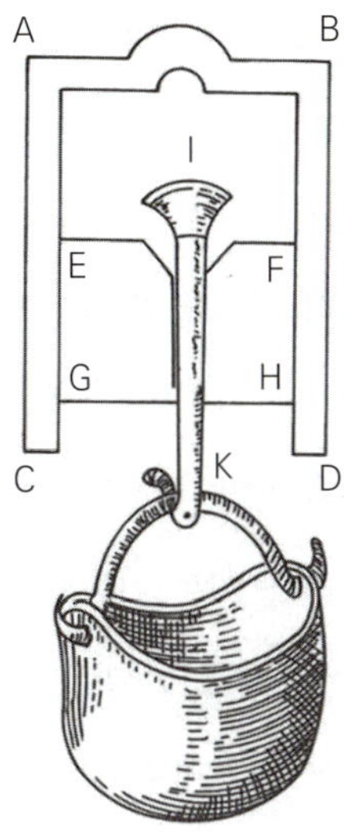

그림 3-10 | 갈릴레오의 진공 실험

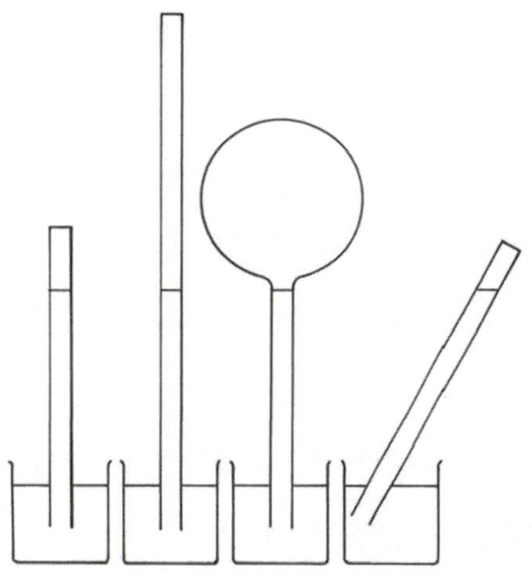

그림 3-11 | 파스칼의 진공 실험

기체 상태의 물질이 지니는 특성에 관한 연구는 현대 화학의 발달에 중요한 근거를 제공했으며, 물질의 입자성을 밝히는 데에도 결정적 수단이 되었다. 이 때문에 오늘날 일반화학이나 기초화학을 다루는 화학 입문서들은 대부분 물질의 상태와 입자적 구성에 관한 지식이 발달해 온 과정을 첫 번째 단원으로 설정하고 있다. 여기에서는 학생들이 물질의 입자적 특성 때문에 나타나는 현상들을 어떻게 파악하고 이해하는지를 살펴보고, 물질의 입자성을 이해하는 데 어려움을 느끼는 이유와 원인에 대해서도 알아본다.

중학교 과학 교과서나 고등학교 화학 교과서에는 물질의 입자성에 관한 단원이나 장이 포함되어 있기 마련이다. 그 단원이나 장에서는 보통 물질의 기체·액체·고체 상태, 밀도, 유동성, 확산, 화합 및 분해, 혼합의 개념을 다룬다. 특히 물질의 입자성을 다루는 장이나 절에서는 다음과 같은 개념을 이해시키는 데 일차적 목적을 두고 있다.

- 기체는 눈에 보이지 않는 작은 입자로 이루어져 있다.
- 기체의 입자는 폐쇄된 공간에 고르게 퍼져 있다.
- 기체의 입자들 사이에는 빈 공간이 있다.
- 기체의 입자는 외부로부터 힘을 가하지 않아도 스스로 움직이는 성질이 있다.
- 서로 다른 두 기체가 상호작용을 통해 제3의 물질이 형성되는 것은 두 가지의 서로 다른 입자가 결합된 결과이다.

이 진술들은 모든 물질이 입자로 구성되어 있다는 사실을 받아들여야만 이해될 수 있는 특성들이다. 그러나 학생들은 이러한 속성들을 잘못 평가하는 경우가 일반적이다. 대다수의 학생들은 첫 번째 측면, 즉 공기가 입자로 구성되어 있다는 것은 잘 알고 있다. 그러나 공기의 입자들이 공간에서 어떻게 구성되어 있는지에 대해서는 확실하게 파악하지 못하는 경우가 많다. 공기가 입자들로 이루어져 있다고 생각하는 학생들에게 〈그림 3-12〉와 같이 주사기를 이용해 플라스크 안의 공기를 조금 빼내면 공기가 어떻게 분포할 것인지를 물으면 그들은 〈그림 3-13〉의 ⓐ와 ⓑ와 같이 다양한 방식으로 대답한다.

〈그림 3-13〉에 나타난 바와 같이, 공기와 입자에 관한 물음에 대해서도 학생들의 대답은 다양하다. 그러나 그들의 생각은 〈그림 3-13〉의 ⓐ와 같이 물질을 연속적 속성으로 보는 관념과 〈그림 3-13〉의 ⓑ와 같이 물질은 어떠한 경우에도 반드시 입자로 구성되어 있다고 보는 관념으로 크게 나뉜다. 물질을 연속적 속성으로 보는 학생들 가운데 일부는 물질이

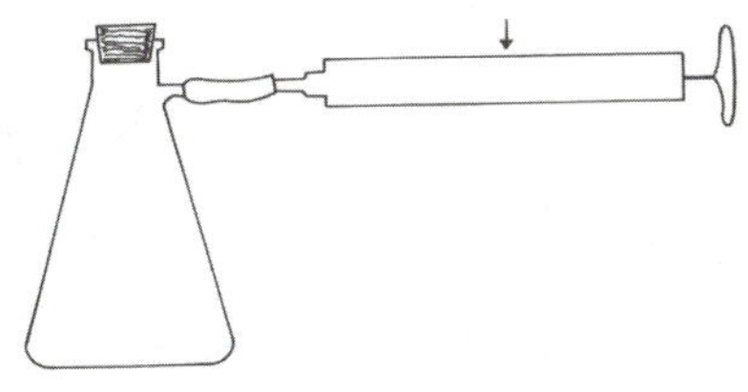

그림 3-12 | 공기의 성질을 알아보기 위한 문제

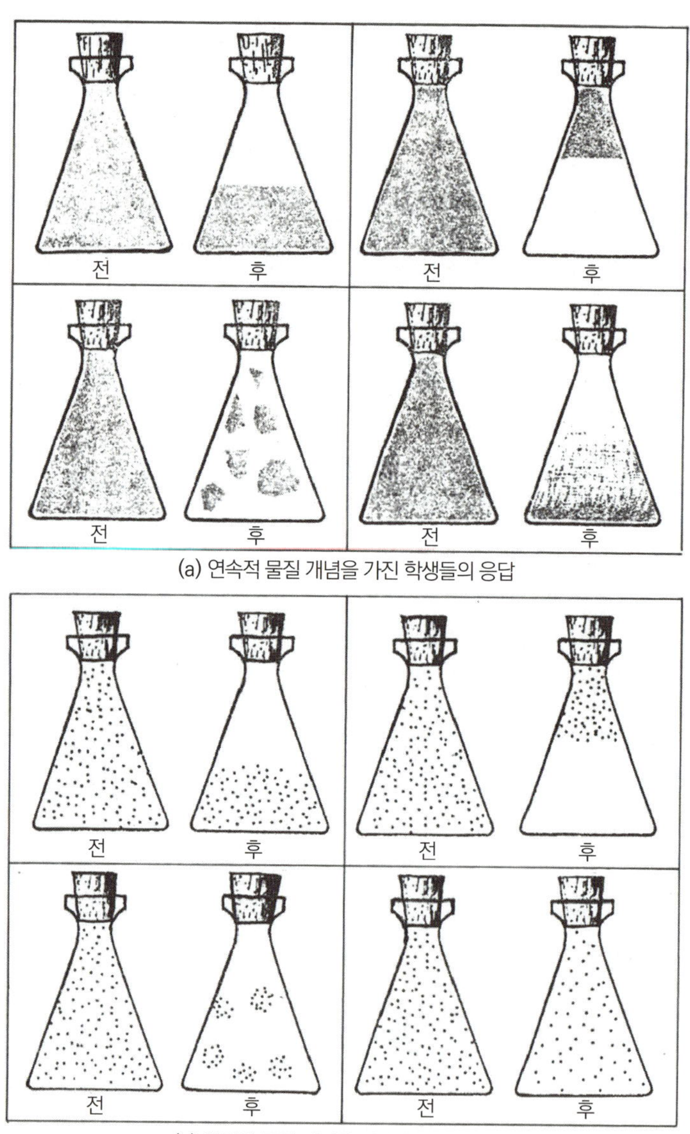

(a) 연속적 물질 개념을 가진 학생들의 응답

(b) 입자적 물질 개념을 가진 학생들의 응답

그림 3-13 | 공기의 성질을 알아보기 위한 문제

덩어리진 채 몇 군데로 흩어져 있거나 특정한 부분에 모여 있다고 생각하기도 한다. 모든 물질이 입자로 구성되어 있다고 보는 학생들 가운데에서도 대다수는 입자가 삼각플라스크 안의 공기 중에 균일하게 분포되어 있다고 주장한다. 그러나 입자들이 삼각플라스크 안을 차지하는 공간의 특정 부위에 집중적으로 모여 있다고 가정하는 학생들의 수도 적지 않다.

그들 가운데 많은 학생들은 입자들 사이에 무엇이 존재하는지를 묻는 질문에 올바르게 대답하지 못한다. 이는 공간 개념 자체를 이해하지 못하거나 그 개념을 공기와 혼동하기 때문이다. 입자들 사이에 무엇이 존재하느냐고 어느 정도 강압적으로 다시 질문하면 그들은 '먼지나 다른 입자들이 있을 것이다', '산소나 수소와 같은 다른 기체들이 있다', '입자들이 서로 꽉 붙어 있어 그것들 사이에 공간이 없다', '공기 아니면 더러운 먼지나 병균들로 채워져 있다', '알려지지 않은 증기로 차 있다', '입자들이 빈 공간으로 확장되어 있어 공간이 있을 수 없다' 등과 같이 확실한 증거나 타당한 이유를 제시할 수 없는 직관적인 생각들을 말한다.

입자가 고유한 운동성을 지닌다는 생각도 학생들이 이해하기 어려워하는 개념 가운데 하나이다. 학생들은 입자들이 스스로 움직인다는 사실을 이해하지 못한 채 그 원인을 입자 외부에서 주어지는 영향에서 찾는 경향을 보인다. 어떤 학생들은 입자가 움직이고자 해서 움직인다고 말함으로써 물활론적이거나 목적론적인 생각을 드러내기도 한다. 또 어떤 학생들은 입자가 매우 가볍기 때문에 자연스럽게 위로 올라간다고 대답하기도 하는데, 이러한 생각은 물질이 제자리로 돌아가려는 성질이 있다고 주장했던 아리스토텔레스의 생각과도 일치한다. 아리스토텔레스는 가벼운 불과 공기는 위로 올라가고, 무거운 물과 흙은 아래로 내려가는 본성이 있다고 주장했다. 특히 저학년 중학생들은 물질이 빈 공간마다 흡수되어 공간이란 사실상 있을 수 없다고 주장함으로써 진공이란 어디에도 존재할 수 없다는 아리스토텔레스의 또 다른 생각을 나타내기도 한다.

학생들은 물질의 특성을 입자설에 따라 설명하지만, 기본적으로는 물질과 공간 사이의 관계에 대한 아무런 인식도 없이 연속적 관념에 따라 말하는 경우도 드물지 않다. 학생들의 이러한 인식은 주로 물질의 화합과 생성에 관한 학생들의 생각에서 특히 잘 나타난다. 한편 학생들은 학교에서 배운 지식, 즉 입자의 모형에 따라 물질의 변화를 설명하고는 있지만, 그들의 사고 속에는 일상생활의 과정과 그 과정에서 겪은 경험을 통해 획득한 직관적 관념을 그대로 유지하면서 대체로 해결하기 어려운 문제는 그런 내면적 관념을 통해 해결하려 한다. 학생들은 일상적인 경험만으로는 돌이나 나무, 그리고 물속에 공간이 있다는 사실을 파악하기 어렵다. 즉 물과 같은 물질도 연속적인 것이 아니라 공간을 자유롭게 움직이는 입자들의 모임이라는 것을 쉽게 이해하지 못한다. 그 결과 입자적 특성에 따라 어렵지 않게 이해할 수 있는 물질의 화합과 분해 과정도 명확하게 이해하기 쉽지 않다.

4. 물질의 상태변화와 대안개념

학생들이 일상적으로 접하는 화학 반응과 그 현상 가운데는 비가역적인 과정에 따라 일어나는 것들이 적지 않다. 물질의 연소 과정이 이를 비교적 잘 보여준다. 나무가 타고 나면 재만 남고, 촛불은 시간이 지남에 따라 초의 양이 줄어든다. 이러한 예는 그 반응이 비가역적이며, 물질이 없어지는 것을 그대로 보여주어 학생들이 물질은 화학적 반응을 거치면서 없어진다는 관점을 가지게 하는 현상들이다.

이와 같은 비교적 일반적이고 흔한 경험을 바탕으로 형성된 직관적 사고방식이나 사전지식(prior knowledge)을 가진 학생들은 어떠한 화학 반응이 일어나더라도 물질의 기본 단위가 보존된다는 사실을 이해하는 데 어려움을 느낀다. 이들은 모든 물질이 원자라는 기본 단위로 구성되어 있다는 사실을 이미 학교에서 배워 비교적 잘 알고 있다. 그러나 한 물질이 다른 물질과 반응하는 과정에서 또 다른 물질이 들어가거나 나올지라도 원래 물질을 이루는 기본 단위는 보존된다는 사실을 이해하고자 할 때는 어려움을 많이 겪는다. 따라서 그들이 물질의 외견상 성질이 변화되는 것은 그 물질을 구성하는 원자들의 배열과 에너지가 달라지기 때문이라는 것을 이해하는 데는 더욱 큰 어려움을 겪는다.

물질은 온도나 압력과 같은 외부 조건의 변화에 따라 고체 · 액체 · 기체로 변하며, 이런 변화를 상태변화라고 한다. 그러나 중학생들은 물질의 상태가 변화되는 현상과 같이 관찰이 가능한 가시적 현상이나 물리적 변화의 경우조차 물질이 보존된다는 개념을 잘 이해하지 못하는 경우를 드물지 않게 보인다. 대다수 학생들은 물-수증기-얼음의 상태에 상관없이 그 구성요소는 본질적으로 물이라고 생각하지만, 물의 상태가 어떤 방법과 과정을 거쳐 변하는지는 학생들마다 서로 다른 다양한 견해를 제시한다. 학생들이 물의 상태변화 과정을 설명할 때 가장 흔히 적용하는 기본적 관점은 열과 운동에 관한 생각이다. 즉 분자들은 어느 것이나 열을 가하면 운동이 빨라지고 기체로 변한다는 생각이다. 이러한 견해에 따라 학생들은 물에 열을 가하면 물 분자가 커지거나 운동이 빨라지면서 서로 떨어져 나가 수증기가 된다고 생각하는 경우가 많다. 이들의 설명에 따르면, 물 분자들은 평소에는 서로 뭉쳐 있다가도 높은 열이 가해질수록 점차 서로 멀리 떨어지게 된다.

특히 대다수 중학생들은 얼음과 물을 이루는 입자도 같으며, 얼음 상태에서는 입자들이 붙어 있다가 온도가 올라가면 떨어져 물이 된다고 본다. 학생들은 물의 상태가 변함에 따라 입자, 즉 물 분자들의 사이가 떨어진다는 내용을 배워 익히 알고는 있으나 이를 잘못 이해하고 있는 경우도 적지 않다. 〈그림 3-14〉는 학생들에게 물의 상태별 입자의 모양과 입자들 사이의 거리를 그림으로 나타내 보라고 말했을 때 그들이 제시한 그림이다. 이 그림은 두 학생이 그린 것이지만 많은 수의 학생들이 이와 비슷하게 그린다. 〈그림 3-14〉에서 알 수 있듯이, 학생들은 액체나 기체의 입자가 고체의 입자보다 더 크다고 생각한다. 그뿐만 아니라 각 상태별 입자들 사이의 상대적 거리, 즉 고체와 액체의 입자 간 평균 거리는 큰 차이가 없고 기체는 입자 사이의 거리가 매우 크지만, 대부분 입자 사이의 거리를 1:2~3:5~8 정도로 나타낸다.

대다수의 중학생들은 물처럼 상온에서 액체 상태로 존재하거나 강철판처럼 고체로 존재하는 것을 포함한 모든 물질이 반드시 원자라는 입자로 구성되어 있음을 잘 알고 있다. 그러나 물질을 구성하는 입자의 특성을 완전히 파악하지 못하기 때문에, 그 지식을 상황이나 문제에 따라 다르게 적용한다. 예를 들어, 물과 얼음이 같은 입자로 구성되어 있지만 온도가 올라가면 확장되거나 서로 떨어진다고 본다. 또한 물에 설탕을 넣으면 설탕이 녹아 없어지기 때문에, 설탕물의 무게와 부피가 설탕을 넣기 전의 물과 같다고 생각하기도 한다. 게다가 용해 현상을 녹는 현상과 혼동하기도 한다. 학생들은 물이 설탕을 녹이는 역할을 한다고 대답하거나

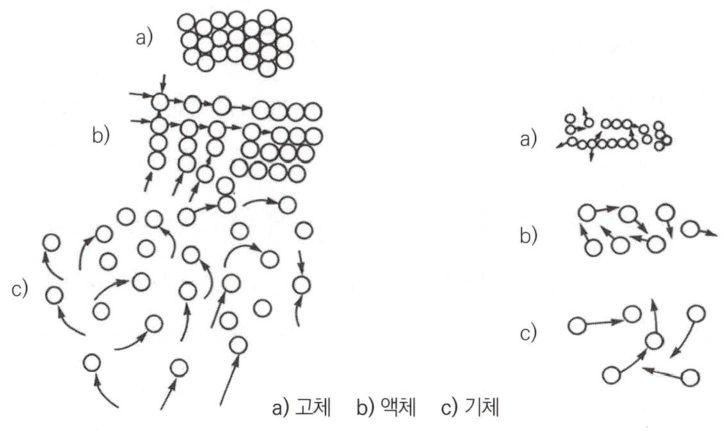

그림 3-14 | 상태별 입자의 크기와 입자 간 거리를 나타내는 학생들의 생각

설탕이 물 분자에 결합되어 새로운 생성물이 형성된다고 말한다. 이처럼 학생들은 중학교 《과학 1》의 '물질의 상태변화' 단원 내용에 관해 다음과 같은 대안개념을 갖고 있다.

- **대안개념**: 물은 증발하면 사라진다.
- **과학적 개념**: 물은 증발하면 수증기 형태로 날아가 공기에 남는다.
- **대안개념**: 액체의 입자 사이의 거리가 고체의 입자 사이의 거리보다 더 짧다.
- **과학적 개념**: 일반적으로 고체의 입자 사이 거리가 가장 짧고, 액체는 그보다 약간 더 멀며, 기체는 매우 멀다.
- **대안개념**: 액체는 연속적이고, 안정적인 물질이다.
- **과학적 개념**: 액체도 입자로 구성되어 있으며, 액체의 입자들은 서로 가까이 있으면서 위치를 바꾸며 움직인다.
- **대안개념**: 고체를 구성하는 입자는 운동하지 않는다.
- **과학적 개념**: 고체를 구성하는 입자는 일정한 위치에서 진동 운동을 한다.

현대 화학은 연소 문제가 해결되고 연소에 관한 개념이 정립되면서 완성되었다고 볼 수 있다. 연소는 물질이 공기 중의 산소와 화합하면서 열이나 빛을 발하는 현상으로 산화반응의 한 형태이다. 일반화학에서는 열에너지의 이동이나 기체의 흐름과 관련된 문제로 다루기도 한다. 일반적으로 연소 현상은 가시적으로 지각할 수 있는 특성과 크게 다른 추상적인 속성을 지니기 때문에 이에 대한 직관적 관념, 즉 학생들이 이해하기 어렵고 오인하기 쉬운 화학 개념의 하나로 간주된다. 학생들에게 얇은 나무 조각이 타는 모습을 보여주고 그 나무에 어떤 현상이 일어나는지 묻는다면, 학생들은 불꽃, 연기, 재와 같이 일상적으로 널리 쓰이는 용어를 사용해 그 현상을 서술하거나 설명한다. 연소에 대한 연구 결과를 분석해 보면 이러한 표현의 이면에는 대체로 다음과 같은 생각이 깔려 있음을 알 수 있다.

- 탄다는 것은 불꽃을 내고 빨갛게 되는 것이다.
- 탈 때는 산소나 공기가 필요하다(왜 그런지는 잘 모른다).
- 타면 가벼워진다.
- 타면 타는 물체의 일부 물질이 연기와 함께 사라진다.
- 타다 남은 재는 비가연성 물질이다.

특히 두 번째 생각은 학생들이 흔히 접하거나 배워 익히 알고 있는 화학지식에 해당한다. 그러나 연소에서 산소의 역할을 잘 알지 못하기 때문에, 산화에 관한 문제나 연소 현상과 관련된 문제를 직관적으로 해결하려는 경향을 보인다. 타고 있는 촛불을 컵으로 덮으면 곧 꺼지는데, 그 이유를 물으면 대다수 학생들은 촛불이 컵 안의 산소를 모두 태웠기 때문이라고 대답한다. 물질이 탈 때 산소가 필요하다는 사실은 알고 있으나, 컵 속의 산소가 소모된 상태를 산소가 모두 타버린 것으로 이해한 것이다. 다시 탄소로 이루어진 숯은 잘 타지만 산화구리는 타지 않는 모습을 보여주고 그 이유를 물으면, 학생들은 산화구리가 타지 않는 어떤 물질을 포함하고 있기 때문이라고 대답하거나, 보통의 물질이 타다가 결국 꺼지는 현상에 근거해 산화구리는 타는 과정이 이미 끝난 물질이라고 설명하기도 한다. 대답한 중학생들 중에 산화구리가 이미 산소와 결합되었다고 옳게 대답하는 학생은 극소수에 불과하다.

이처럼 학생들이 연소에 화학적 결합이 관련되어 있다는 사실을 잘 이해하지 못하는 현상은 연소와 질량의 관계를 다루는 문제를 해결하는 과정에서도 뚜렷하게 나타난다. 학생들은 불로 태운 철사의 무게가 늘어날 것으로 예측하기는 하지만, 철과 산소가 결합한 결과라는 점까지는 알지 못한다. 나머지 학생들은 쇠에 검댕이 묻어 더 무거워진다고 대답하거나 겉보기에 아무런 변화가 없는 것을 보고 무게에도 변함이 없을 것이라고 말한다. 심지어는 무게가 더 가벼워질 것이라고 말하는 학생들도 있다. 이들은 나무가 타면 연기로 없어지듯이 쇠도 타면 일부가 없어져 가벼워질 것이라고 이해한다.

이러한 생각들은 물체가 타면 연기로 사라지고 남는 것은 재뿐이라는 직관적 관념의 표현이다. 따라서 이러한 직관적 관념을 가진 학생들은 금속에 녹이 스는 현상을 이해하는 데 어려움을 겪는다. 공기 중에 오랫동안 방치해 녹이 슨 못을 보여주며 그 무게의 변화에 대해 물을 때 학생들은 무게에 변함이 없다거나 녹이 철을 먹었기 때문에 더 가벼워졌을 것이라고 대답한다. 더 무거워졌을 것이라고 대답한 학생들 중에서도 적지 않은 수는 원래의 못에 녹이 합해져 더 무거울 것이라고 대답한다. 이들은 녹이 못의 철과 산소가 결합된 산화철이며 철에 산소가 결합되어 더 무거워진다는 사실을 쉽게 깨닫지 못한다. 일반적으로 학생들은 물체가 타면 반드시 무엇인가 없어진다는 생각을 가지고 있으며, 이 생각을 바탕으로 연소와 관련된 문제를 해결하려 한다. 이러한 학생들에게는 우주선 안에서 담배를 피우면 더 가벼워질 것이라는 생각이 당연시된다. 그들의 생각에는 담배가 타면 그보다 더 가벼운 연기로 사라지고, 산소도 그만큼 타서 없어지기 때문이다.

이상과 같은 사실들로부터 몇 가지 시사점을 이끌어 낼 수 있다. 학생들은 물질의 실체적 속성을 잘 인식하고 있다. 얼음-물-수증기와 같이 겉보기에는 본질적인 변화처럼 보이는 변화에도 실질적으로는 변하지 않는 어떤 실체가 있다는 것을 인정한다. 다만 그 본성으로부터 파생되는 구체적인 현상들을 잘못 이해하는 경우가 흔하다. 그들은 무엇보다도 질량을 무게나 부피와도 혼동한다. 과학 수업에서 흔히 그렇듯이 학생들은 무게를 상황에 따라 다른 것으로 인식한다. 무게가 언제나 밀도와 관계되어 있다고 생각해 같은 물질이라도 가루 형태의 것이 고체 상태일 때보다 가볍다고 말한다. 그들은 무게를 뜨는 성질과 연관 지어 인식하기도 한다. 공기는 물질이 아니어서가 아니라 가볍고 위에 뜨기 때문에 전혀 무게가 없다고 생각한다.

이러한 기본적 인식은 물질의 양, 본질, 질량을 이해하는 데 저해 요인으로 작용한다. 학생들은 비록 물질의 상태가 변화될지라도 변하지 않는 본질이 존재한다는 점은 인정하면서도 일부 반응이 가역적이며, 기본적 구성요소가 변하지 않는다는 사실을 쉽게 받아들이지 못한다. 이는 직접적인 관찰을 통해 지각할 수 있는 것이 아니라 그 현상과 외견상 관계가 없는 것처럼 생각되는 속성이 관련되어 있기 때문이다. 그들은 설탕이 물에 녹아 설탕물이 되더라도 설탕이 여전히 물속에 있다는 것을 인식하기 위해서는 설탕물의 맛을 알아야 하며 물이 증발하면 어떤 현상이 일어난다는 것, 즉 그 안에 녹아 있던 물질이 나타난다는 것도 확인해야 한다. 이처럼 학생들이 지각적으로 확실한 현상에서 그보다 덜 분명한 측면으로 이동하는 데는 그들의 상상력이 요구된다. 이는 결국 학생들이 사물의 본질에 의해 나타나는 현상 중에서 한정된 측면만을 지각하고 그에 따라 그 본질을 인식하게 됨을 함의한다.

결론적으로 학생들은 화학 교사들이 바라는 대로 원자와 분자의 의미를 개념화할 수 있으며 부호를 사용해 그 본질을 표상화할 수 있다. 그러나 화학교육 현장에서는 그렇지 못한 경우가 많다. 특히 실제의 생활과 관련된 물리학적 · 화학적 현상을 제시할 경우 학생들은 배운 물리학적 · 화학적 지식이 아니라 일상적인 경험을 통해 획득한 직관적 관념을 이용해 이해하려는 경향을 보인다. 이런 상황에 비추어 볼 때, 과학 수업 시간에 고려되어야 할 것은 학생들이 이론적 관념이나 모형을 어떻게 혹은 어느 정도 이해하고 있는지가 아니다. 그것은 무엇보다도 학생들이 주어진 내용으로 실제의 자연현상을 해석할 때 그 내용이 유용하다고 보는지 또는 적절하다고 생각하는지에 있다.

04.
잘못 알기 쉬운 생명과학 개념

생명과학은 생물의 기능과 구조, 발달과 분포, 그리고 생명현상을 탐구하는 학문이다. 이러한 지식은 물리학이나 화학의 지식보다 더 구체적이고 개념적인 특성을 지닌다. 일반적으로 학생들이 잘못 알기 쉬운 과학지식은 구체적인 개념보다는 추상적인 법칙과 원리 그리고 이론이다. 따라서 학생들은 생명과학적 개념보다 물리학적·화학적 개념과 법칙, 이론을 이해하는 데 더 큰 어려움을 겪는다.

물론 생명과학에서도 학생들이 이해하기 어려운 개념이 존재하지만, 이 또한 주로 이론적 성격이 강한 개념에 한정된다. 4장에서는 생명과학이 어떻게 발달해 왔는지를 살펴본 다음, 광합성, 영양소, 순환, 유전과 진화 등 비교적 추상적인 생명과학 개념의 특성과 학생들이 이러한 개념을 어려워하는 이유를 고찰하고자 한다.

1. 생명과학의 발달

인간은 오래전부터 생물과 밀접한 관계를 맺어 왔다. 고대인들의 생물에 대한 생각과 지식은 주로 삶에 필요한 먹이를 제공하는 동식물, 질병을 치료하기 위한 약초, 그리고 인체에 대한 해부학적 지식이 주를 이루었다. 당시의 생명과학 지식은 대부분 직관이나 경험을 통해 얻어진 것이었다. 특히 고대 그리스 시대에는 비록 초기적 수준이었지만 동식물의 분류 체계가 구성될 만큼 생명과학이 체계적인 학문으로 발달하기 시작했다. 고대 그리스 말기에 이르러서는 생명과학 지식이 여러 가지 생명현상을 설명할 수 있을 정도로 체계화되었다. 이 시기 생명과학은 의식주와 관련된 실용적 목적을 넘어, 순수한 지적 흥미와 관심의 대상이 되었으며 학문적 관점에서 생물에 관한 지식이 축적되었다.

고대의 생명과학은 비록 박물학 수준에 머물렀고 자연철학의 범주를 완전히 벗어나지 못했지만, 고대 그리스 시대에는 적어도 세 갈래의 학문적 전통이 이어졌을 만큼 활발히 연구되었다. 그중 첫째는 자연사 전통으로, 지역에 자생하는 동식물에 관한 정보를 수집하고 지식을 축적하는 데 주된 관심을 두었다. 야생 동식물에 관한 정보와 가축을 기르면서 얻은 자료는 생명과학 지식을 구성하는 데 중요한 토대가 되었고, 이후 비교해부학과 의학이 발달하는 계기가 되었다. 둘째는 탈레스, 아낙시메네스(Anaximenes, 기원전 585?~528?) 등 고대 그리스의 자연철학자들이 이어간, 말 그대로 과학적 전통이었다. 이 전통에서는 자연에서 일어나는 모든 현상의 원인을 신이나 절대자가 아니라 자연의 원리 혹은 자연에 존재한다고 생각되는 보편법칙에 따라 설명하려는 경향이 나타났다. 생명현상의 출처와 원인도 자연의 보편적 원리에 따라 설명하고자 했다. 셋째는 히포크라테스(Hippocrates, 기원전 460?~377?)를 시조로 하는 생물의학(biomedical) 학파가 주류를 이루었다. 이 전통에서는 해부학과 생리학 이론이 주로 발전했다. 이러한 흐름은 갈렌(Galen, 129~199)에 의해 이어졌으며, 문예부흥기에 다시 활발히 연구되기 시작한 해부학과 생리학의 기틀을 마련했다.

비록 고대 그리스 시대의 과학은 오늘날까지 눈부시게 발달했지만, 중세 이전까지는 모든 분야의 과학이 확립되지 않은 사실상 박물학의 시대에 머물러 있었다. 이 시기에는 진정한 의미의 과학이 없었으며, 생명과학도 자연철학의 대상에 속해 있었다. 아리스토텔레스나 테오프라스투스(Theophrastus, 기원전 371~287)와 같은 자연철학자들이 생명과학의 발달에 현저한 업적을 남기기는 했으나, 종교적 제약이나 전통적인 관습 때문에 그 성과는 박물학 수준에 머무를 수밖에 없었다. 또한 그들의 세계관은 물활론적이고 목적론적인 성격이 강해 자연현상을 철저한 인과율에 따라 설명하기보다는 단지 기술하는 정도에 그치는 경우가 많았다. 더군다나 당시의 보편적 신념이었던 신비주의를 완전히 벗어나지 못했기 때문에 자연현상을 기계론적으로 설명하는 데에도 한계가 있었다.

로마가 유럽을 점령한 이후 중세는 과학사적으로 암흑기로 불린다. 이 시기 생명과학에서는 획기적인 발전이 없었으며, 성경 해석과 아리스토텔레스, 갈렌의 업적이 생명과학 관련 여러 분야에 절대적인 영향력을 미치고 있었다. 비록 현대의 지식과는 어긋나는 것이 대부분이지만, 생물과 생명현상에 대한 일반 법칙은 아리스토텔레스에 의해 확립되었다. 중세 의학에서 갈렌의 영향력은 아리스토텔레스의 업적에 못지않게 컸다. 그러나 그의 이론에는 오류가 많아 근대 의학과 생명과학의 발달에 부정적 영향을 주기도 했다. 그는 혈액이 〈그림 4-1〉처럼 심장근을 통해 우심실에서 좌심실로 자유롭게 이동한다고 보았으며, 숨쉬기의 일차적 목적은 이런 과정에서 뜨거워진 혈액과 심장을 식히는 데 있다고 주장했다.

문예부흥기에는 자연사와 해부학이 의학과 더욱 밀착되었고, 약에 관심을 가진 자연철학자들과 의사들은 사실상 생물학자의 역할을 했다. 문예부흥기 이후에 일어난 과학혁명은 생명과학의 발달에도 새로운 전기를 마련했다. 과학혁명기에는 생명과학에서도 순수한 논리적 추론에 의존해 진리를 찾고자 했던 스콜라 철학의 접근법을 부정하고, 베이컨의 귀

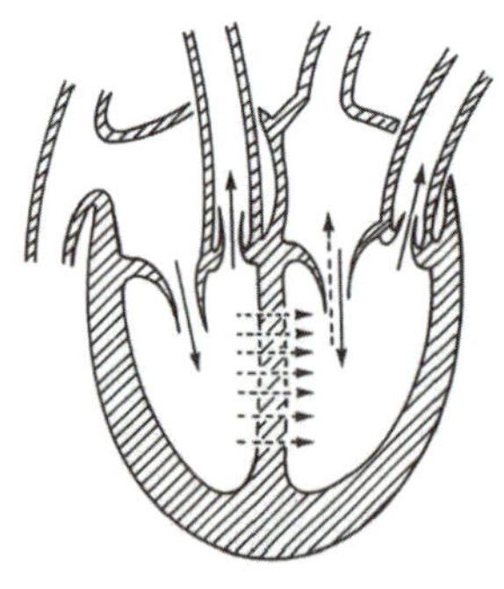

그림 4-1 | 갈렌이 제시한 혈액의 이동과 순환 개념

납법을 과학적 방법으로 받아들여 생명과학적 현상에 대한 사실을 수집하고 관찰했다. 실험과 같은 경험을 통해 자연법칙을 발견하려는 풍토도 조성되었다. 더욱이 데카르트가 확립한 기계론적 세계관은 모든 생명현상을 자연의 보편법칙으로 설명하는 경향을 낳았다. 윌리엄 하비(William Harvey, 1578~1657)가 갈렌의 주장을 부정하고 그 대안으로 제시한 혈액순환설은 생명과학이 기계론적 세계관에 따라 연구되기 시작하는 출발점이 되었으며, 아리스토텔레스의 생명과학적 업적이 약화되는 결정적인 계기가 되었다.

문예부흥기에 이어 전개된 16~18세기 계몽주의는 생명과학이 획기적으로 발달하는 계기가 되었다. 16세기에는 인체 해부학 연구가 활발히 이루어졌고, 17세기에는 현미경의 발명으로 다양한 미생물이 발견되면서 생물의 미시 세계가 밝혀졌다. 또한 데카르트의 기계론적 세계관과 뉴턴 역학의 자극을 받아 생물체의 구조와 체내 현상을 기계적으로 이해하려는 관점이 강화되었고, 이에 따라 생리학과 세포학도 발달했다. 18세기에는 생물 다양성에 대한 지식이 축적되면서 스웨덴의 칼 폰 린네(Carl von Linné, 1707~1778)가 분류학을 확립했고, 조르주루이 드 뷔퐁(Georges de Buffon, 1707~1788)은 생물 진화 사상이 싹트는 계기를 마련했다.

근대 과학은 목적론적 세계관을 버리고 기계론적 세계관을 도입하면서 발달했다. 생명과학이 물리학보다 약 1세기, 화학보다 약 2세기 늦은 19세기에 확립된 사실도 이를 뒷받침한다. 기계론이 생명과학에 처음 적용된 것은 17세기 하비에 의해서였다. 그는 면밀한 관찰과 실험을 통해 혈액이 심장의 기계적 운동에 의해 심장에서 나와 온몸을 순환한 뒤 다시 심장으로 돌아온다는 혈액순환설을 제시했다. 그는 〈그림 4-2〉와 같은 실험을 통해 정맥에 밸브가 있어 혈액이 거꾸로 흐르는 것을 막는다는 사실도 입증했다. 그런데 하비가 제시한 혈액순환설은 기계론적 자연관이 생명과학에 도입되었다는 사실을 입증할 뿐 아니라 아리스토텔레스의 업적과 세계관을 부정하는 근거가 되기도 했다. 아리스토텔레스는 지상에서는 위아래로 움직이는 직선운동만 일어나고 회전운동은 천상계에서만 일어난다고 주장했다.

19세기에는 자연과학에 기계론이 도입되면서 과학의 세기로 불릴 만큼 모든 분야의 학문이 크게 발전했다. 생명과학도 이 시기에 박물학을 탈피해 물리학·화학의 법칙과 이론에 기반한 근대 학문으로 정립되었다.

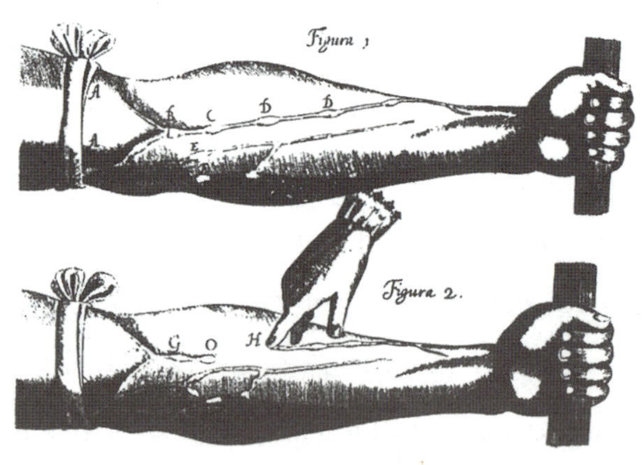

그림 4-2 | 정맥에 밸브가 있다는 것을 보여주는 하비의 실험

그러나 생명과학은 물리학이나 화학과는 다른 방법과 과정을 통해 발달했다. 당시의 사상적 변화는 물리학·화학 분야에서는 비교적 긴 기간에 걸쳐 특정 영역의 지식체계가 발달하도록 영향을 미쳤으나, 생명과학에서는 특정 영역이 발달한 기간보다 특정 생명과학 이론이 확립된 연도를 중심으로 설명될 수밖에 없는 방식으로 영향을 미쳤다. 생명과학은 1828년의 발생학, 1839년의 세포학, 1859년의 진화론, 1900년의 유전학이 발달했다는 식으로 설명될 수밖에 없다. 물리학과 화학이 주로 추상적인 법칙과 이론, 그리고 그 체계로 이루어진 데 비해, 생명과학은 가시적이고 구체적인 개념들을 중심으로 지식이 구성되어 있기 때문이다.

현대의 물리·화학에서는 생명과학도 기계론적 자연관에 그 토대를 두고 있다고 본다. 17세기 이후 생명과학이 기계론적 관점에 따라 획기적으로 발달하며 목적론적 세계관을 벗어났기 때문이다. 그러나 생명과학계와 심리학계에서는 기계론만으로 생명과학의 본질을 정확하게 설명할 수 있다고 보는 실증주의의 극단적 입장인 환원주의 인식론에 의문을 제기하고 있다. 특히 현대 생물학자 다수는 생물체가 무생물체를 이루는 물질로 구성되어 있음에도, 모든 생명과학적 현상이 물리학·화학 법칙과 이론만으로 설명될 수는 없다고 본다. 그들은 구성요소에 대한 분석만으로는 생명의 본질을 파악하기 어렵고, 오히려 생물체를 이루는 구성요소가 생물체의 전체적 특성 속에서 드러난다는 견해를 제시한다.

2. 식물과 에너지의 속성과 대안개념

광합성은 빛에너지를 공급받아 식물체 내에서 여러 무기물로부터 유기물을 합성하는 작용으로, 탄소동화작용의 한 과정이다. 흡열반응인 광합성의 특성과 그 과정은 생명과학보다 화학이 발달함에 따라 더욱 구체적으로 밝혀졌다. 18세기 과학자들, 특히 의화학자들은 기체의 본질에 관심을 두고 자연에서 식물의 역할을 연구했으며 광합성을 기체 역학의 한 분야로 다루었다. 19세기 초부터 화학이 더욱 발달하면서 광합성 연구의 초점은 식물의 화학적 활동과 탄수화물 합성에 집중되었다.

식물의 기체교환과 관련해 주목할 점은 식물도 동물처럼 숨을 쉬며 공기와 물로부터 영양물을 흡수한다는 것이다. 이러한 전통적 견해를 수용한 18세기 스테판 헤일스(Stephen Hales, 1677~1761)는 광합성과 호흡을 혼동해 식물이 낮에는 증산하고 밤에는 흡수한다고 믿었으며, 식물도 숨을 쉰다고 생각했다. 이러한 그의 관점은 기체의 본성에 대한 화학자들의 연구를 자극했다. 화학자들이 기체의 본성을 연구하는 과정에서 프리스틀리가 광합성의 결과 산소가 생성된다는 사실을 밝혀 1772년 산소를 발견했다. 그는 식물이 더러운 공기(이산화탄소)로부터 플로지스톤이 없는 신선한 공기, 즉 산소를 만들어 낸다고 주장했다. 이어 얀 잉엔하우스(Jan Ingenhousz, 1730~1799)는 1779년 이러한 식물의 작용이 동물의 호흡과 상보적인 관계에 있다고 보았다. 동물의 호흡으로 더러워진 공기는 식물의 양분이 되고, 식물은 동물에게 깨끗한 공기를 제공한다고 여겨졌다. 또한 그는 광합성이 식물의 녹색 부분에서만 일어나며 반드시 빛이 필요하다는 사실도 알아냈다. 이어 스위스 생물학자 장 세네비어(Jean Senebier, 1742~1809)는 1782년 실험을 통해 식물이 빛을 받아 광합성을 할 때만 이산화탄소를 흡수한다는 사실을 밝혀냈다.

19세기에는 생리학의 발달과 함께 생물학자들의 연구 관심이 대기에서 탄소가 제거되는 과정에 집중되었다. 이 과정에서 식물의 성장에는 반드시 빛이 필요하다는 사실이 확인되었고, 광합성에서 엽록체의 중요성도 밝혀졌다. 동식물의 호흡에 따른 대기 순환에 관한 관심은 줄어든 대신 탄소 고정과 식물의 유기물 합성을 다루는 생화학적 연구가 활발히 이루어졌다. 독일의 식물학자 율리우스 폰 작스(Julius von Sachs, 1832~1897)는 잎에서 공기를 흡수하는 부위를 조사하고, 녹말을 포함한 유기물이 합성되는 생화학적 과정도 분석했다. 그의 연구 과정에서 식물이 태양의 빛에너지를 획득해 이용하는 일차적 매개체임이 밝혀졌다. 광합성은 식물체 안에서 탄수화물 형태로 에너지를 고정하는 과정으로 알려졌다. 이후 찰스 반스(Charles Barnes, 1868~1910)는 1893년 이러한 생화학적 과정을 광합성이라고 명명했다.

현대의 과학적 방법에 따른 광합성의 체계적이고 분석적인 연구는 20세기 초 영국 생리학자 프레드릭 블랙먼(Frederick Blackman, 1866~1947)에 의해 시작되었다. 그는 1905년에 녹색식물의 광합성이 빛이 필요한 과정과 빛이 필요하지 않은 과정으로 이루어져 있다고 주장했다. 로빈 힐(Robin Hill, 1899~1992)은 1937년 엽록체를 살아 있는 세포에서 분리한 뒤 빛을 비추었을 때 산소가 생성되는 현상을 관찰해 이른바 힐 반응(Hill reaction)을 발견했다. 이후 다니엘 아논(Daniel Arnon, 1910~1994)을 비롯한 여러 생물학자는 살아 있는 세포의 엽록체에서 이산화탄소가 탄수화물로 전환되고, 그 과정에서 ATP가 형성되며 NADP가 전자 수용체라는 것을 구명함으로써 광합성의 화학적 과정 일부를 밝혀냈다.

이처럼 광합성 개념이 오랜 시간에 걸쳐 발달해 왔듯이, 학생들도 이를 충분히 이해하려면 상당한 학습 시간이 필요하다. 학생들이 광합성 개념을 어려워하는 이유는 심리학적 요인과 과학 교육과정에 있다. 2022 개정 과학과 교육과정의 중학교 《과학 2》 '식물과 에너지' 단원 내용 가운데 광합성 및 호흡과 관련된 학생들의 대안개념과 이에 대응하는 과학적 개념의 예는 다음과 같다.

- 대안개념: 식물도 먹이를 외부에서 흡수해 살아간다.
- 과학적 개념: 식물은 성장하고 살아가는 데 필요한 음식을 광합성을 통해 스스로 합성한다.
- 대안개념: 태양 빛에너지는 광합성에 의해 생물에 유용한 화학 에너지로 전환된다.
- 과학적 개념: 태양 빛은 광합성을 통한 유기물의 생성에 이용된다. / 식물의 에너지원이 되는 유기물은 광합성에서 태양 빛을 직접 이용하는 것보다 환원제에 의한 환원 과정을 통해 생성된다.
- 대안개념: 식물은 광합성을 하기 위해 섭취한 여러 가지 영양분 때문에 성장하면서 무게가 늘어난다.

- **과학적 개념**: 식물이 성장하면서 무게가 늘어나는 가장 큰 요인은 광합성으로 탄수화물을 합성하기 때문이다.
- **대안개념**: 식물은 광합성으로 만든 산소(O_2)를 이용해 에너지를 얻는다.
- **과학적 개념**: 식물은 광합성으로 만들어진 포도당을 포함한 유기물을 분해해 에너지를 얻는다.

이와 같은 대안개념이 형성되는 심리학적 이유는 광합성 개념이 생물과 무생물의 개념을 함께 포함하고 있기 때문이다. 광합성은 생물과 무생물을 뚜렷이 구분하는 개념에서 그러한 구분이 필요하지 않은 개념으로 이어주는 다리 역할을 한다. 그러나 물활론적 세계관을 지닌 학생들은 생물체가 화학적 물질로 구성되어 있다는 사실을 받아들이기 어려워하며, 생물현상을 물리학·화학 법칙과 이론에 따라 서술하고 설명하는 것을 꺼린다. 그들은 인간 중심적 사고에서 벗어나지 못해 인간의 생존이 녹색식물에 달려 있다는 사실을 받아들이려 하지 않고, 오히려 식물의 생존이 인간에 달려 있다고 본다. 이는 사람이 논밭에 농작물을 심고 초원의 풀을 가꾸는 정도에 따라 식물의 번성 여부가 달라진다는 경험에 근거한 생각이다.

광합성 개념 학습의 또 다른 어려움은 광합성에 관한 정보의 과다한 양에도 있다. 학생들은 과학교육은 물론 잡지, 신문, TV, 학술지 등을 통해 광합성에 관한 지식을 많이 접하지만, 그 대부분은 단편적이다. 또한 주어진 자료를 종합하는 능력이 부족해 광합성을 통합적이고 체계적으로 이해하는 데 어려움을 겪는다.

저학년 학생들이 광합성 개념을 이해하기 어려운 또 다른 이유는 그것이 피상적 관찰만으로는 파악하기 힘든 추상적 개념이기 때문이다. 〈그림 4-3〉에서 보듯 광합성의 구체적 과정은 쉽게 관찰되지 않는다. 따라서 19세기까지는 광합성의 투입물과 산물에 대한 확고한 지식이 거의 없었으며, 20세기에 이르러서야 광합성에 햇빛, 물, 이산화탄소가 필요하고 그 결과 산소와 포도당이 생성된다는 사실이 밝혀졌다.

〈그림 4-3〉에서 보듯 광합성은 물리학과 화학과도 관련이 있다. 광합성 개념에는 원소, 화합물, 화합물의 생성과 분해, 에너지 개념이 포함된다. 이들에 대한 오개념은 자연히 광합성에 대한 오인의 원인이 된다. 또한 앞 장에서 살펴본 바와 같이 많은 중고등학생들이 물리학·화학 개념

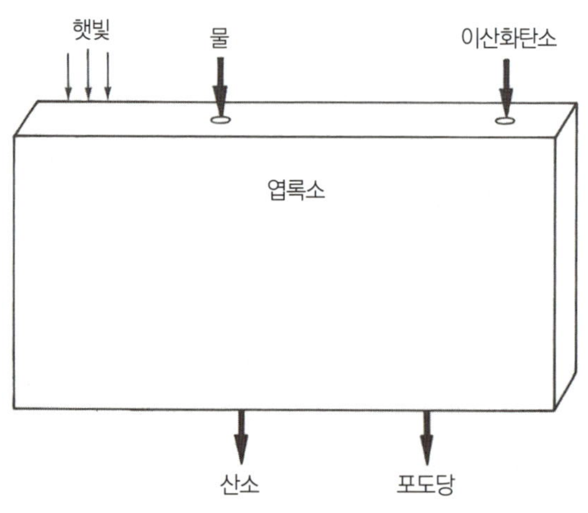

그림 4-3 | 광합성의 투입물과 산물

을 충분히 이해하지 못해 오인하는 경우가 많다. 이들은 물질과 관련된 현상은 물론, 특히 에너지 개념의 의미를 일상생활에서 얻은 직관적 생각에 따라 해석하는 경향이 있으며, 그 결과 광합성과 호흡을 혼동할 정도로 잘못 이해하기도 한다. 두 과정 모두 원소, 화합물, 에너지와 관련되지만, 광합성은 호흡이 일어날 수 있는 물질을 공급한다는 점에서 분명히 구분된다. 이러한 차이는 생물의 영양을 다루는 다음 절을 이해함으로써 더욱 뚜렷하게 파악할 수 있다.

3. 세포호흡 및 광합성의 속성과 대안개념

영양(nutrition)은 생명현상을 유지하기 위해 생물이 외부로부터 물질을 섭취하는 과정 또는 그에 필요한 성분으로 정의되며, 영양물의 종류와 에너지의 출처에 따라 독립영양과 종속영양으로 구분된다. 이때 섭취되는 물질을 영양분(nutrient) 혹은 영양물이라 하며, 사람과 동물에서는 이를 영양소, 식물에서는 양분이라 구분해 부르기도 한다. 생물의 호흡에 쓰이는 산소와 광합성에 쓰이는 이산화탄소 그리고 물은 영양분에서 제외된다. 생물이 섭취하는 영양분이 무기물이면 독립영양 생물 또는 무기영양 생물이라 하며, 녹색식물이 이 범주에 속한다. 독립영양 생물은 유기물을 외부에서 얻을 필요 없이 무기물만을 섭취해 이를 몸 안에서 유기물로 바꾸어 생활과 성장에 이용한다. 독립영양 생물이 만든 유기물을 섭취해 생활하는 생물은 종속영양 생물이라 부른다.

동물이 섭취하는 영양소에는 단백질·지방·탄수화물·비타민·무기질의 다섯 가지가 있으며, 이를 5대 영양소라고 한다. 5대 영양소는 신체를 구성하고 유지하며, 에너지원이 되고, 신체 기능을 조절하며, 면역체계를 구성하고, 발육에 필요한 물질을 공급한다. 식물의 양분은 반드시 무기화합물의 형태로 흡수되며, 식물은 빛에너지나 무기물이 산화될 때 유리되는 에너지를 이용해 탄소동화작용을 하고 유기물을 합성한다. 이렇게 만들어진 유기물을 바탕으로 식물은 생장하고 살아간다.

생물이 살아가는 과정에서 새로운 물질을 합성하고 분해하는 화학적 과정은 오래전부터 자연철학자와 과학자들의 주요 관심 대상이었다. 히포크라테스와 그를 이은 자연철학자들은 체액을 생물이 살아가는 데 필수적인 물질로 보았으며, 생물이 섭취하는 대부분의 음식도 체액과 비슷한 기능을 한다고 보았다. 중세의 의화학자들은 소화를 발효와 동일시하고, 그 과정에서 음식을 더 작은 물질로 분해하는 화학적·물리적 작용으로 생각했다. 19세기 생물학자들은 이러한 과정을 기준으로 삼아서 동식물을 구분했다. 그들은 동물과 식물이 상호보완적인 관계에 있으며, 동물은 식물이 합성한 유기물질을 분해하는 생물로 이해했다.

오늘날 생화학과 분자생물학의 발달로 물질대사 과정은 대부분 밝혀졌다. 그러나 물질대사 과정 자체는 추상적 개념이어서 학생들이 이해하기 쉽지 않다. 학생들은 앞 절에서 다룬 식물의 물질 합성 과정뿐 아니라, 그 물질이 분해되는 과정도 어려워한다. 물질대사는 〈그림 4-4〉와 같이 광합성과 호흡, 즉 물질의 합성과 분해 과정으로 이루어져 있다.

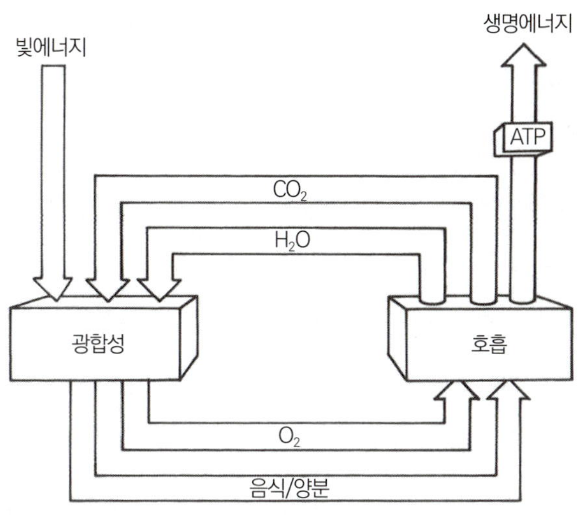

그림 4-4 | 광합성과 호흡의 관계

특히 흡수된 음식물이 분해되는 과정과 관련해 학생들이 오해하기 쉬운 개념은 바로 호흡과 영양이다. 일반적으로 호흡은 생물체가 기체를 이용하는 방법을 의미한다. 이보다 좁은 의미에서의 호흡, 즉 세포호흡은 세포 안에서 지방과 탄수화물 분자를 그 구성요소와 이산화탄소 및 물로 분해하면서 에너지를 생성하는 과정을 말한다. 그러나 학생들은 세포호흡을 숨쉬기와 혼동해 반드시 산소가 필요한 생리적 과정으로 인식하는 경우가 적지 않다.

세포호흡은 반드시 산소가 필요한 유기호흡과 산소 없이도 일어나는 무기호흡으로 구분된다. 또한 유기호흡은 햇빛이 있을 때만 일어나는 광합성과 달리, 빛이 있을 때나 없을 때나 항상 일어난다. 학생들은 세포호흡의 생리적 기능을 잘못 이해해 동물은 산소를 들이마시고 이산화탄소를 내보내지만, 식물은 이산화탄소를 들이마시고 산소를 내보낸다고 생각하는 경우도 적지 않다.

중고등학생들은 이 밖에도 다양한 오개념을 갖고 있다. 중학교 2학년 《과학 2》 '동물과 에너지' 단원과 고등학교 진로 선택과목 《세포와 물질대사》의 '세포와 물질대사' 단원과 관련된 주요 대안개념과 이에 대응하는 과학적 개념은 다음과 같다.

- **대안개념**: 식물은 낮에만 광합성을 하고 밤에는 호흡만 한다.
- **과학적 개념**: 식물도 ATP를 생성하기 위해 밤낮을 가리지 않고 계속 호흡한다.
- **대안개념**: 광합성은 산소를 만들고 호흡은 산소를 소비한다.
- **과학적 개념**: 호흡은 유기물을 분해해 에너지를 방출한다.
- **대안개념**: 세포호흡은 동물세포에 특유한 과정이다.
- **과학적 개념**: 동물뿐만 아니라 모든 진핵세포는 세포호흡을 통해 성장과 발달에 필요한 에너지를 획득한다.
- **대안개념**: 식물에는 세포호흡이 일어나지 않는다.
- **과학적 개념**: 식물도 모든 세포에서 항상 세포호흡이 일어난다.

학생들은 동물의 영양소와 식물의 양분을 혼동할 뿐 아니라, 이 용어들을 영양분과도 혼동하는 경향이 있다. 영양분은 생물이 흡수해 몸을 구성하거나 에너지원으로 이용하는 물질을 총칭한다. 이런 의미에서 보면 식물에도 영양소가 필요하다. 그러나 학생들은 식물이 살아가는 데 필요한 에너지의 원천인 영양분을 특히 잘못 이해하는 경우가 많다.

식물에 필요한 에너지의 원천인 영양분, 즉 음식이 무엇인지 물으면 학생들은 일상적 경험을 통해 얻은 지식에 의존하거나 동물이 섭취하는 음식을 식물에도 그대로 적용해 설명하는 경우가 많다. 예를 들어 식물의 음식으로 뿌리를 통해 흙에서 흡수한 비료, 물, 흙, 여러 무기물을 들거나 공기 중에서 흡수한 이산화탄소라고 말하기도 한다. 심지어 잎에서 흡수한 공기와 햇빛이라고 대답하는 학생도 있다. 이는 동물이 먹고 마시는 음식물을 식물에까지 적용해 생각한 결과이다. 생명과학에서는 식물의 에너지원이 되는 영양물을 외부에서 흡수한 무기물이 아니라 식물체 안에서 무기물로부터 만들어진 유기물로 규정한다. 즉 광합성을 통해 식물체 안에서 합성된 탄수화물로 정의한다.

4. 생식 및 유전의 속성과 대안개념

유전학(genetics)이라는 단어는 영국의 유전학자 윌리엄 베이트슨(William Bateson, 1861~1926)이 1905년 멘델의 법칙을 영국에 처음 소개할 때 사용한 이후 생명과학의 공식 용어로 자리 잡았다. 유전학은 형질이 개체에서 어떻게 발현되는지를 그 원인과 효과의 측면에서 다루는 분야이며, 유전(heredity)은 형질이 조상에서 자손으로 전달되는 과정을 말한다. 고대부터

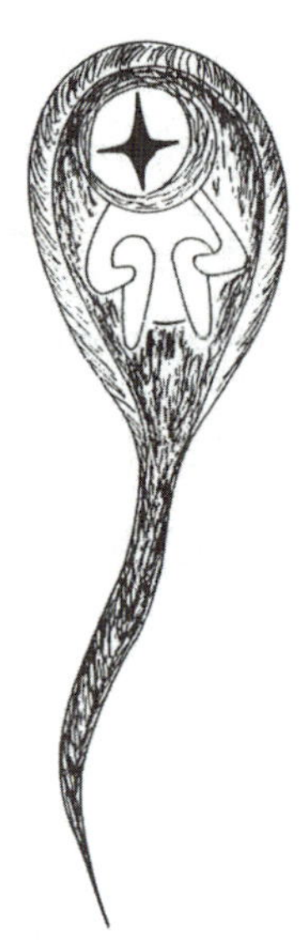

그림 4-5 | 전성설에 따른 생물의 존재

수집된 유전에 대한 자료는 형질들이 세대 간은 물론 개체 간에도 차이를 보였기 때문에 유전의 본질을 규명하기 어려웠다. 고대의 유전설은 특히 세대와 획득형질의 유전과 관련되어 있었으며, 고대 자연철학자들의 생각이 19세기까지 이어졌다. 그 무렵까지 전해진 주요 이론으로는 전성설(preformationism) 혹은 후성설(epigenesis), 범생설(pangenesis), 혼합설 등이 있었지만, 이러한 개념들은 유전학의 발달에 긍정적인 영향을 미치지 못하고 오히려 학생들의 유전에 대한 오개념의 주요한 출처가 되고 있다.

후성설은 하비가 생식질(germ plasm)이 형태를 갖추어 간다는 가설을 설명하기 위해 처음 제시한 이론이다. 그는 모든 생물의 난자가 성체로 자랄 수 있는 물질이지만 처음에는 형체가 없고, 정자가 활성화됨에 따라 그 형체가 구현되어 성체가 된다고 보았다. 반면 전성설은 생물체가 배아의 형태로 미리 형성되어 있다는 주장이다. 아주 작은 생물체가 정자와 난자 속에 존재하다가 적절한 자극을 받아 형체를 갖추게 된다는 생각이다. 〈그림 4-5〉는 이들이 생각한 전성설을 도식화한 그림이다. 이에 따르면 생물체 안의 정자에 작은 생물체가 있고, 그 작은 생물체의 정자 안에 더 작은 생물체가 있으며, 그 작은 생물체 안에 더 작은 생물체가 있어서 생물체가 마치 양파 껍질처럼 형성되어 있다고 본다.

범생설은 유전 물질이 원래 세포 안에 휴면 상태로 있다가 적절한 발생 시기에 발달하는 어린 눈을 통해 다음 세대로 전달된다는 이론이다. 이 설은 히포크라테스가 처음 제시했으며, 찰스 다윈(Charles Darwin, 1809~1882)은 진화의 과정을 설명하기 위해 이를 수용해 더욱 발전시켰다. 그는 생물체의 모든 기관, 조직, 그리고 세포가 어린 눈이라고 불리는 작은 단위를 생성한다고 주장했다. 생식기관을 예로 들면 양쪽 성에서 어린 눈이 모여 배가 형성된다는 것이다. 다윈은 한 개인의 형질이 양쪽에서 받은 어린 눈에 의해 결정되지만, 모든 어린 눈이 반드시 발현되는 것은 아니라고 주장했다. 그가 제시한 범생설은 일부 유전 현상, 즉 재생과 기형을 어느 정도 설명할 수 있었으나 유전의 본질을 밝히는 데는 한계가 있었다. 범생설은 또한 세포설과 멘델의 유전법칙이 그의 진화설을 지지하게 되기 전까지는 진화론이 발달하는 데 저해 요인으로 작용했다.

다윈의 진화설이 기계론에 바탕을 두고 확립되었으면서도 현대 생명과학 이론으로 발달하지 못한 이유 중 하나는 그가 수용한 범생설과 함께 혼합설을 받아들였기 때문이다. 생물 집단에는 항상 변이가 나타나는데, 다윈은 변이를 양쪽 부모의 형질이 골고루 섞인 결과로 보는 혼합설을 지지했다. 그러나 〈그림 4-6〉에서 알 수 있는 것처럼 내부분의 유전 현상은 혼합설로는 잘 설명되지 않는다.

〈그림 4-6〉은 키는 크지만 연약한 이삭을 가진 풀과 키는 작지만 튼실한 이삭을 가진 풀을 교배한 결과를 보여준다. 혼합설에 따르면 자손은 중간 크기의 키와 이삭을 가진 풀이 나와야 한다. 같은 논리로 검은 개와 흰 개 사이에서는 회색 강아지가 나와야 한다. 그러나 멘델의 법칙에 따르면 어느 색이 우성인지 열성인지에 따라 흰색 강아지나 검은색 강아지가 나올 수 있다.

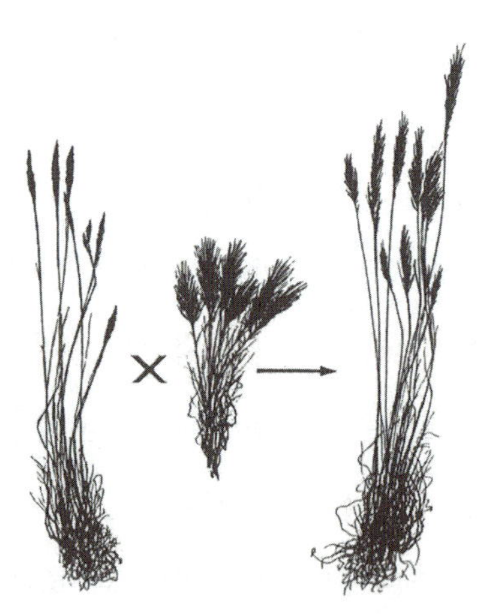

그림 4-6 | 형질이 다른 두 가지 풀 교배 결과

자연발생설과 성경도 고대인들의 유전설에 대한 인식에 주요한 출처였으나, 오늘날에는 학생들이 유전 개념에 대해 대안개념을 형성하는 주요한 요인이 되기도 한다. 자연발생설은 아리스토텔레스 시대에 제기되어 린네도 믿었을 만큼 오랫동안 지지받아 온 생명과학적 가정으로, 학생들이 유전과 관련된 현상을 피상적으로 파악하는 관점을 제공했다. 또한 성경의 창조설과 세대론은 다른 지식과 마찬가지로 자손의 형질이 모두 부모가 준 것이라는 생각을 갖게 하는 기본 관점을 제공한다.

근대 유전학은 식물의 잡종 교배와 진화라는 두 전통에서 수행된 관찰과 실험, 그리고 그 결과를 바탕으로 확립되었다. 다윈의 진화설 이후 식물의 교잡에 바탕을 둔 유전설이 다윈이 제시한 진화설의 그늘에 가려 거의 언급되지 않았으나, 결국에는 현대 유전학의 기본적인 틀을 이루게 되었다. 다윈의 진화설이 현대의 유전설로 곧바로 이어질 수 없었던 주된 이유는 모든 생물에서 나타나는 변이와 변화를 관찰해 유전의 법칙을 연역하려 했기 때문이다. 그러나 그레고어 멘델(Gregor Mendel, 1822~1884)은 다윈과는 정확히 반대로 몇 세대를 거치는 과정에서도 변함없이 나타나는 일관성을 바탕으로 이른바 멘델의 유전법칙을 확립함으로써 유전학자로서의 명성을 떨칠 수 있었다.

다윈의 유전설이 지닌 결정적 결함은 유전자의 재조합과 재배치에 대한 생각을 갖지 못했다는 데에도 있다. 그는 자손의 제1세대에는 한 부모의 성분을 50%, 다음 세대에는 25%씩 지닌다고 보는 혼합설에 머물러 오늘날 보편적으로 알려진 분리의 법칙과 독립의 법칙을 인식하지 못했다.

또한 유전에서 유성생식의 역할과 중요성도 충분히 이해하지 못했다. 그는 유성생식을 개체군(population)의 다양성을 만들어 내는 수단이라기보다 오히려 일률성을 낳는 원인으로 보았다. 또한 유전, 변이, 진화의 개념을 하나로 통합하려는 과정에서 히포크라테스가 주장했던 유전설을 받아들이고 이를 범생설이라 불렀다.

멘델의 유전법칙에 직접적인 영향을 준 생명과학 전통은 식물 교잡 연구의 성과였다. 식물 교잡에 대한 실험과 연구는 원래 유전 자체보다는 식물의 유성생식을 증명하기 위해 이루어졌다. 식물의 유성생식을 처음으로 증명한 식물학자는 독일의 요제프 쾰로이터(Joseph Koelreuter, 1733~1806)였다. 그는 담배를 교배해 잡종을 얻은 결과를 바탕으로 알려진 두 종의 중간 형질을 지닌 개체는 모두 잡종이라는 린네의 주장에 반박했다. 그는 식물이 경우에 따라 한쪽 부모의 형질을 더 많이 닮지만, 대개는 중간 형질을 보인다는 사실을 관찰하고 그 결과를 바탕으로, 식물도 유성생식을 통해 번식한다는 확신을 갖게 되었다.

멘델이 1865년 발표한 유전법칙은 휘호 더프리스(Hugo de Vries, 1848~1935), 카를 코렌스(Carl Eric Correns, 1864~1933), 구스타프 체르마크(Gustav Tschermak, 1871~1962)가 각각 독립적으로 유전법칙을 재발견해 1900년에 발표할 때까지 대부분의 생물학자들에게 거의 알려지지 않았다. 식물 잡종교잡에 관심을 가졌던 생물학자들조차도 멘델이 주장한 유전의 법칙들을 제대로 이해하지 못했는데, 이는 그들이 한 개체의 여러 형질을 개개의 단위로 다룬 것이 아니라 개체 자체를 한 단위로 취급해 모든 형질을 통합적으로 다루었기 때문이다. 안톤 가르트너(Anton Gartner, 1967~)가 한 개체의 모든 형질을 종합적으로 다룬 대표적인 생물학자였다. 그는 생물체의 개별 형질의 특성을 다루지 않았기 때문에 오늘날 일반적으로 알려진 열성 형질에 대해서도 알 수 없었다. 만일 하나의 완두가 가진 형질을 모두 함께 관찰하지 않고, 완두의 모양과 색 등 개별 형질을 관찰했더라면, 멘델의 분리 법칙을 쉽게 파악할 수 있었을 것이다.

멘델의 유전법칙은 19세기 말에서 20세기 초에 발달한 세포학에 의해 실험적으로 증명되었고, 이후 세 가지 생명과학적 연구 전통을 바탕으로 오늘날의 유전학으로 발달했다. 첫째, 통계적 분석법은 멘델의 유전법칙과 집단유전학을 낳았고, 둘째, 현미경을 사용한 실험적 접근법은 세포 내 소기관의 특성과 행동을 규명했다. 셋째, 화학적 방법은 세포의 구성 물질을 밝히는 데 기여했다. 오늘날 유전학에서는 특히 세 번째 탐구법이 활발히 적용되며, 이에 따라 세포 내 구성물질은 분자생물학의 핵심 연구 대상이 되고 있다.

생명과학에는 물리학이나 화학에 비해 학생들이 특히 어렵게 느끼는 분야가 비교적 적다. 그중 유전학은 몇 안 되는 난해한 생명과학 분야 가운데 하나이다. 유전학은 중고등학생뿐 아니라 대학에서 생물을 전공하는 학생들에게도 이해하기 어려운 개념이며, 생물교사조차 가르치기 까다롭게 여기는 영역이다. 특히 감수분열과 유전자 분리의 관계는 학생들이 이해하기 어려운 유전학의 핵심 개념이다. 학생들은 유전자, 대립인자, 염색체, 배우자, 접합자의 의미와 상호관계를 잘못 알고 있는 경우가 흔하며, 형질의 비율에 관해 결정론적 관념을 가지고 있기 때문에 유전의 본성을 이해하는 데 큰 어려움을 겪는다. 또한 유전학에 대해서도 직관적 관념을 상당히 많이 가지고 있는데, 그 예와 이에 대응하는 과학적 개념을 몇 가지 제시하면 다음과 같다.

- 대안개념: 한 형질은 하나/서넛/많은/23/46개의 유전자에 의해 통제된다.
- 과학적 개념: 멘델의 형질인 완두콩 씨의 모양이나 색, 인간의 ABO 혈액형 같은 형질은 주로 하나의 유전자에 의해 결정되지만, 키나 피부색과 같은 다유전자 형질은 여러 유전자의 작용과 환경요인의 영향을 함께 받아 결정된다.
- 대안개념: 개인은 양친의 체세포에 있는 염색체와 유전자 짝의 두 가지 염색체와 유전자를 모두 갖는다.
- 과학적 개념: 개인은 정자나 난자를 통해 부모로부터 각 염색체 쌍 중 하나씩만 물려받는다.
- 대안개념: 정자 또는 난자는 자손의 형질 절반을 통제하는 유전자를 갖는다.
- 과학적 개념: 정자와 난자는 각각 자손이 가진 유전자 정보의 절반을 제공한다.
- 대안개념: 두 잡종 사이에서 태어난 자손은 우성형질을 가진다.
- 과학적 개념: 정자와 난자의 대립 유전자가 모두 열성일 경우 열성형질이 나타난다.

- **대안개념**: 어떤 특정한 형질에 관한 잡종의 양친으로부터 태어난 자손 가운데 1/4은 반드시 우성형질을 나타낸다.
- **과학적 개념**: 반드시 그렇게 되지는 않지만, 대체로 우성이 3/4, 열성이 1/4로 나타난다.
- **대안개념**: 잡종의 자손들은 모두 우성형질을 나타낸다.
- **과학적 개념**: 대립인자 쌍에 따라 열성형질이 나타날 수도 있다.
- **대안개념**: 우성 유전자가 열성 유전자보다 더 강하다.
- **과학적 개념**: 우성과 열성이 강약을 나타내는 개념은 아니다.
- **대안개념**: 유전의 혼합 형태는 유전자의 혼합에 기인한다.
- **과학적 개념**: 혼합설은 부모의 유전자가 섞이는 것이 아니라 형질이 섞이는 과정을 설명한다.
- **대안개념**: 세포는 신체 부위에 따라 다른 유전자를 갖는다.
- **과학적 개념**: 체세포는 모두 동일한 유전자 풀을 지니며, 위치한 부위에 따라 발현되는 유전자가 다를 뿐이다.

중학교 《과학 3》 '생식과 유전' 단원에서 학생들이 이러한 잘못된 생각을 갖게 된 원인은 다양하다. 그중 가장 결정적인 원인은 학교 생명과학 수업에 사용되는 각종 교과서이다. 현재 각급 학교의 생명과학 교과서에는 유전의 본성을 나타내는 핵심 개념들이 유기적 연관성 없이 단편적으로 서술되거나 잘못 제시된 경우가 있다. 예를 들어 어떤 형질이 유전되는 과정이 쉽고 상세하게 이해되도록 충분히 설명되지 않은 경우가 많다.

더욱이 감수분열이 유전의 한 과정이 아니라 두 가지 세포분열 가운데 하나로만 진술된 경우도 있다. 지금까지의 연구 결과를 종합해 보면 각급 학교의 생명과학 교수-학습은 학생들이 최소한 다음과 같은 유전 개념의 특성을 분명히 이해하도록 이루어져야 함을 알 수 있다.

- 염색체, 유전자, 그리고 대립인자는 반드시 쌍으로 작용한다.
- 한 유전자에 대해서는 반드시 두 개 이상의 대립인자가 존재한다.
- 한 쌍의 대립인자는 한 형질에서 변이를 유발할 수 있다.

학생들이 유전의 특성을 제대로 이해하려면 대립인자들이 분리되고 다시 짝을 이루는 기구를 정확히 알아야 한다. 전자는 감수분열의 주제이고, 후자는 수정의 한 과정이다. 이 두 과정은 새로운 유전자형, 즉 새로운 표현형을 형성한다. 물론 단순우성, 복대립인자, 공통우성과 같은 유전법칙의 예외적 개념도 충분히 파악해야 한다. 그러나 각급 학교의 생명과학 교육 현장에서는 이러한 개념들이 충분히 강조되거나 다루어지지 않는다. 생명과학 교과서 또한 학생들이 유전에 대해 많은 오개념을 지니고 있다는 점을 참작하지 않고, 유전학 지식의 논리적 체계만을 강조한다.

5. 생명의 연속성 및 다양성의 속성과 대안개념

생명과학은 여러 분야로 분류되지만 각 분야는 진화 개념에 수렴하는 형식으로 나뉜다. 즉 진화론은 다양한 생명과학 이론을 통합하는 개념으로 정의된다. 그러므로 진화론에 대한 이해 없이는 생명과학의 어느 분야도 충분히 이해하기 어렵고, 이러한 이유로 진화론은 생명과학 교육 현장에서 중요시될 수밖에 없다. 그런데 진화론은 통합적 개념인 만큼 다른 생명과학 분야의 지식보다도 이해하기 어렵다. 이는 생물이 진화된다는 사실을 분명하게 보여주는 증거가 미흡할 뿐만 아니라 진화에 대한 논리적 설명체계 자체가 논란의 대상이 될 만큼 그 의미가 복잡하고 애매모호하기 때문이다.

그럼에도 생물의 진화는 생명의 기원과 더불어 오래전부터 학문적·종교적 논쟁의 대상이었다. 그러나 다윈의 진화설이 등장하기 전까지는 그 과정이 밝혀지지 않았고, 고대에는 진화가 오늘날의 발생학적 발달을 의미했다. 전성설을 받아들인 진화론자들은 진화를 이미 정해진 존재의 모습이 전개되는 과정으로 보았으며, 같은 시대의 후성론자들은 생물의 발생이 점차적인 분화에 의해 일어난다고 주장했다. 오늘날에도 진화라는 용어에는 19세기에 제기된 문제와 의미가 일부 포함되어 있다. 이를테면 현대적 의미의 진화에는 진보라는 개념뿐만 아니라 구체적인 변형과 아울러 일반적인 변화의 의미도 함축되어 있다.

장 바티스트 라마르크(Jean Baptiste Lamarck, 1744~1829)는 진화라

는 용어를 전혀 쓰지 않았다. 유기적 변화를 뜻하는 근대적 의미의 진화는 지질학자 찰스 라이엘(Charles Lyell, 1797~1875)이 처음 사용했다. 그는 1832년 라마르크의 진화설을 논의하는 과정에서 진화라는 용어를 처음 사용했으며, 이후 다윈이 간간이 사용하다가 허버트 스펜서(Herbert Spencer, 1820~1903)에 의해 현대적 의미로 정착되었다. 스펜서는 처음에 부단한 전진적 발달을 의미하는 발생학적 발달을 지칭하기 위해 그 용어를 사용했으나, 나중에는 발생학적 발달과 생물의 진화 혹은 형태의 변형을 구분해 사용했다. 그러나 진화의 의미가 변화한 과정은 정작 그 개념의 본질을 이해하는 데 어려움을 주는 원인이 되었다. 특히 1860년대 말부터 1870년대 초까지는 진화가 생물체가 변형하는 일반적인 과정으로 인식되었다. 이 시기 다윈은 유기체의 변화가 반드시 구조적으로 복잡하게 발달할 필요는 없다고 주장했지만, 진화는 점진적 변화로 인식되는 경향이 강했다. 이러한 의미의 진화는 18세기까지 거의 알려지지 않았고, 종에 대한 새로운 개념이 등장하면서 진화 역시 다시 관심의 대상으로 부각되었다. 18세기까지는 생물의 돌연변이 개념도 확립되지 않았으나, 종의 개념이 정립되면서 동시에 박물학자들의 관심사가 되었다.

　18세기 이전까지는 생물의 종이 태초에 하느님이 창조한 이후 전혀 변하지 않는 고정된 형태로 인식되었다. 그것은 성적(性的)으로 격리되어 있다는 생각, 즉 생물들 사이에 교배가 불가능하다는 관념에 따른 것이었다. 지구 역사 속에서 성경에 언급된 생물체 외에도 새로운 종이 생겨났다고 본 학문적 입장은 린네와 뷔퐁이 처음으로 표명했다. 그러나 이러한

주장에도 불구하고, 생명체의 다양성과 그 정도는 진화론적 용어로 설명
되지는 않았다.

생물체가 변화하는 과정을 포괄적으로 설명한 이론은 라마르크가 가
장 먼저 제기했다. 라마르크는 1800년 가장 단순한 형태의 생물은 자연
발생적으로 생겨났으며, 다른 모든 형태의 생물은 그것으로부터 계속 생
겨났다는 가설을 제시했다. 또한 생물체가 변하는 과정에 두 가지 요인이
작용한다고 보았다. 첫째는 점진적으로 복잡성을 띠는 생물의 위계적 단
계를 결정하는 생명력이며, 둘째는 종과 속이 자연 사다리에 함축되어 있
는 바대로 단선적으로 형성될 수 없었음을 설명하는 특정 환경의 영향이
다. 라마르크는 이러한 관점과 획득형질의 유전 개념을 바탕으로 생물은
환경으로부터 오는 자극에 반응해 변하며 진화한다고 설명했다. 그의 설
명체계는 목적론적 진화설로 오늘날 다윈의 기계론적 진화설과 대비된
다. 그의 견해에 따르면 동물은 새로운 생태적 지위를 형성하며 환경 변
화에 반응하고, 그 과정을 거치면서 동물의 구조도 환경에 맞게 변화해
다음 세대로 전달된다는 것이었다.

그러나 라마르크의 목적론적 진화설은 여러 생물에서 공통적으로 나
타나는 구조상의 유사성을 제외하면 이를 뒷받침할 증거가 거의 없었다.
그의 이론이 지지받기 위해서는 지구의 나이가 성경의 문자적 해석을 바
탕으로 계산한 6,000여 년보다 훨씬 길어야만 했다. 그러므로 라마르크
는 지구의 나이가 계산할 수 없을 정도로 매우 길 것이라고 예측했다. 당
시에는 화석도 진화의 실제와 과정을 증명하는 확고하고 객관적인 근거

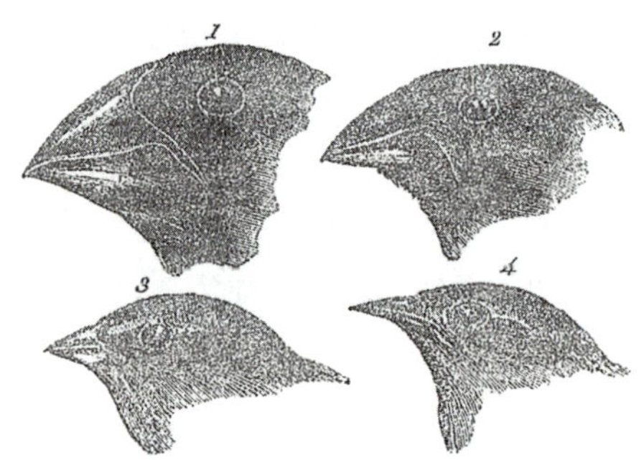

그림 4-7 | 피리새류의 다양한 부리 모양

가 되지 못했다. 더구나 조르주 퀴비에(Georges Cuvier, 본명 Jean Léopold Cuvier, 1769~1832)와 같은 반대자들은 화석이 라마르크 이론의 증명에 요구되는 종간의 전환 단계를 전혀 보여주지 않는다고 주장하며 라마르크의 진화설을 부정했다.

라마르크의 목적론적 진화설이 지닌 문제점은 다윈과 앨프리드 월리스(Alfred Wallace, 1823~1913)가 독립적으로 정형화한 기계론적 진화설로도 해결하지 못했다. 다윈은 자연선택을 생물이 자연에 적응하며 변화하는 기구로 제시해 진화설을 하나의 과학적 이론으로 확립했다. 그는 이러한 변화를 생물의 의도적이고 능동적인 활동의 결과라기보다는 자연이 선택한 결과로 보았다. 〈그림 4-7〉은 원래 같은 종이었던 피리새류의 부리가 생태적 지위에 따라 변화했음을 보여준다. 그는 이러한 차이가 변화된 환경에 적응하기 위한 능동적 과정의 결과가 아니라 자연이 대를 거듭해 선택한 결과라고 주장했다. 그러나 다윈의 진화설도 화석상 기록의 불

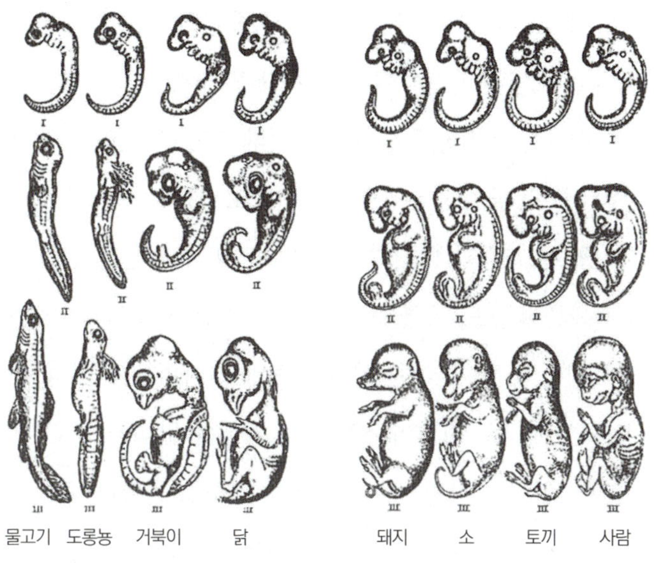

그림 4-8 | 생물의 발생 단계

완전성, 고도로 복잡한 생물체 구조가 이루어진 출처와 방법, 생물체의 본능과 같은 문제에 직면했다.

따라서 19세기에는 진화론의 관심이 화석 외에 비교해부학과 발생학을 통한 조상 역사의 규명으로 옮겨 갔다. 화석 기록은 이른바 잃어버린 고리를 확인함으로써 화석상의 불완전성이 진화론에 내재된 문제의 해결책이 아님을 스스로 밝혔다. 요하네스 뮐러(Johannes Müller, 1801~1858)와 에른스트 헤켈(Ernst Haeckel, 1834~1919)은 〈그림 4-8〉과 같이 생물체 조상의 과거사를 난자로부터 성체로 발달하는 단계에서 볼 수 있다는 발생반복설을 제시했다. 종이 다른 생물들이 발생의 초기 단계에서는 거의 비슷한 모습을 보인다고 생각했다. 이를테면 개체발생은 계통발생을 되풀이한다는 이론을 뒷받침해 준다고 보았다. 그들은 이러한 발생학적 접근법을 통해 척추동물의 공통조상을 밝히기도 했다.

당시 고생물학자들과 발생학자들이 제시한 증거들은 진화가 실제로 일어났음을 확증하는 듯 보였으나, 그 기구(mechanism)와 과정을 구체적으로 설명하지는 못했다. 다윈 역시 개체에 나타나는 변이의 원인과 한 세대에서 다음 세대로 형질이 전달되는 과정을 밝히지 못했다. 적절한 유전학 이론이 없이는 자연선택이 진화의 기구로 얼마나 중요한지 분명하게 드러나기 어렵다. 유전학적 이론이 부족했던 획득형질의 유전설은 진화의 창조적 측면만을 설명하는 데 그쳤다. 자연선택설은 환경에 부적합한 생물체를 제거하는 기능, 즉 부정적 기능만을 주로 강조했다. 그러나 멘델의 유전법칙이 처음 발표되었을 때, 그것은 다윈의 진화설을 보완하거나 설명하는 이론이라기보다, 오히려 대안적 이론으로 받아들여졌다.

다윈이 제시한 진화설과 멘델이 확립한 유전법칙은 박물학자와 생물학 실험자, 그리고 집단유전학자들의 공동 노력 속에서 점차 융합되었다. 박물학자들은 적응과 지리적 격리, 종분화 개념에 익숙했으며, 종을 이상적 형태라기보다 하나의 집단으로 규정했다. 생물학 실험자들은 표현형과 인자형을 구분하고, 돌연변이는 규모는 작지만 멘델의 법칙에 따라 유전된다는 사실을 밝혀냈다. 또한 자연선택이 연속적인 변이에 작용해 집단의 형질을 변화시킬 수 있음을 증명했다. 집단유전학자들은 돌연변이, 선택, 이주 등 한 집단 내 모든 생물체가 지닌 유전자의 빈도에 영향을 미치는 요인들의 작용을 설명하기 위해 수학적 모형을 개발했다. 오늘날에는 자연선택, 돌연변이, 유전자 재조합으로 생성되는 변이를 진화의 원천으로 설명하는 신다윈설(neo-Darwinism)이 제시되어 있다.

신다윈주의라고도 불리는 신다윈설은 다윈의 진화설과 자연선택설, 멘델의 유전법칙 및 그에 기반한 유전학이 통합된 이론으로서 현대 진화론의 토대로 인정된다. 여기에 독일의 진화생물학자 아우구스트 바이스만(August Weismann, 1834~1914)의 진화설까지 포함된 신다윈설은 새로운 형질의 출처를 우연적 돌연변이와 유성생식을 통한 유전자 재조합에 둔다. 또한 개체군에서 나타나는 형질의 빈도가 긴 역사적 과정을 거쳐 변화해 온 원인을 자연선택으로 설명한다. 이처럼 신다윈설은 새로운 형질의 출처와 현재 생물이 지닌 형질의 유전을 잘 설명하기 때문에 대다수 현대 진화생물학자들의 지지를 받고 있다.

다윈의 진화설은 아직도 결정적으로 부정되지 않은 채 수정되거나 다양한 대안적 이론이 제시되고 있으며, 이는 진화설이 오늘날 대학생들에게조차 어려운 생명과학 분야로 남아 있는 원인 가운데 하나가 된다. 대다수 학생들은 진화를 생물이 장기간에 걸쳐 점진적으로 변하며 환경에 반응하는 과정으로 인식한다. 또한 그들은 진화의 핵심적 과정이 자연에 의한 형질의 선택 혹은 도태라는 사실도 비교적 잘 알고 있다. 그러나 생물이 왜 진화하는지, 그리고 〈그림 4-9〉에 나타낸 바와 같이 그 구체적인

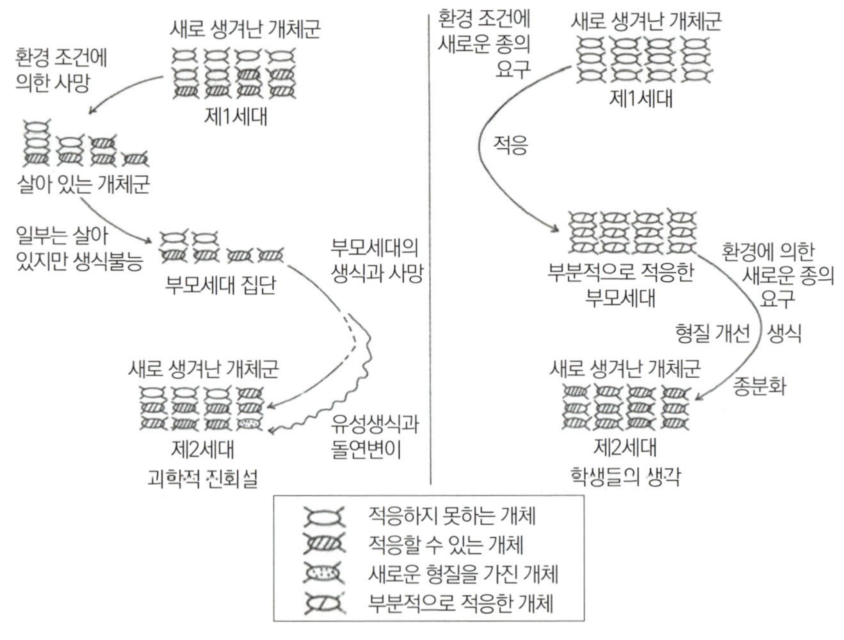

그림 4-9 | 진화의 기구에 관한 과학적 개념과 학생의 관념

과정이 어떻게 진행되는지에 관해서는 학생들의 생각과 진화론자들의 견해 사이에 큰 차이가 존재한다. 진화론을 구성하는 여러 핵심 개념 가운데에서도 특히 형질이 변화하는 과정과 방법, 개체 및 개체군과 형질 변이의 관계, 곧 진화의 단위 등에 관한 학생들의 이해는 진화론자들의 관점과 크게 다르다.

진화에 관한 학생들의 생각과 진화론자들의 지식 사이에 나타나는 차이는 새로운 종의 기원과 생존, 변이체가 개체군 내에서 수행하는 역할,

개체군이 아닌 각 개체가 진화하는 이유와 방법 및 과정에 대한 이해를 비교함으로써 확인할 수 있다. 생물학자들은 원인과 결과가 뚜렷이 구분되는 두 가지 과정이 집단 내 형질 변화에 영향을 미친다고 본다. 즉 우발적 돌연변이나 유성생식을 통한 유전자 재조합, 그리고 환경요인에 따른 선택으로 인한 생존과 도태가 그 두 가지 과정이다. 그러나 학생들은 진화에 이 두 과정이 관여된다는 사실을 잘 받아들이지 못한다. 그들은 개체군 내에서 새로운 형질이 출현한 사실과 오랜 시간 동안 생존해 온 사실을 명확히 구분하지 못하며, 한 종의 특성이 〈그림 4-9〉의 오른쪽에 나타난 바와 같이 일정한 과정을 통해 변화한다고 생각한다.

생물학자들은 진화의 기본 단위를 개체군으로 본다. 그들은 개체군 내에서 비교적 환경에 유리한 형질을 지닌 일부 개체들에 의해 개체군이 진화한다고 주장한다. 즉 개체군 내의 변이가 진화의 전제 조건이라는 것이다. 그러나 학생들은 개체군의 변이가 진화의 결정적 요인이라는 사실을 잘 깨닫지 못한다. 그들은 개체들로 이루어진 개체군의 변화 대신에 한 개체의 전체적 형태가 변화되는 과정을 진화로 이해한다.

현대의 생물 진화설은 몇 가지 개념들이 통합적으로 구성되어 있다. 따라서 생물 진화설은 그것을 이루는 주요 개념들의 본성을 이해하지 않고서는 그 지식을 완전히 습득할 수 없다. 그러나 생물 진화설을 이루는 몇몇 개념은 학생들이 쉽게 이해하기 어렵다. 특히 현대 생물 진화설의 핵심 개념들 가운데 중학생들이 배우기 어려워하는 개념들은 다음과 같다.

- 개체군에는 자연발생적으로 생겨난 돌연변이에 의한 변이종이 나타나기 마련이다.
- 적응은 자연선택의 결과이지, 능동적 과정이 아니다.
- 진화는 몇 세대를 거치는 긴 시간이 필요하다.
- 자연선택은 우연적·확률적 과정이며, 결정적인 것이 아니다.

다윈이 진화를 기계론적 세계관에 따라 우연적·확률적으로 설명한 것과 달리, 목적론적 세계관을 지닌 라마르크는 진화를 특정한 방향과 목적을 향해 나아가는 과정으로 기술했다. 특히 중학생들은 자연선택의 의미를 정확히 이해하지 못한 채, 라마르크가 가졌던 목적론적 관념을 그대로 받아들여, 그에 따라 생물의 진화 과정을 설명하는 경향이 강하다. 그들은 생물이란 어느 개체나 환경이 변하면 변화된 새로운 환경에 적응하기 위해 점차 변화하고, 그렇게 변한 형질이 다음 세대로 전해져 진화한다고 생각한다. 또한 그들은 진화의 원인과 그 과정을 설명하는 데 다양한 관념을 적용하는데, 이러한 관념의 종류를 범주화하면 다음과 같다.

- **환경요인에 의한 생각**: 물, 태양, 음식, 보호와 같은 환경요인에 따라 진화의 원인과 과정을 설명한다.
- **신체적 관념**: 신경, 뇌, 혈액, 땀, 눈물 등을 진화의 원인으로 제시한다.
- **자연적 생각**: 수명의 한계, 자연의 특성, 모성애와 같은 요인으로 진화의 과정을 설명한다.

- 유전적 생각: 가장 과학적인 생각으로서 진화의 궁극적인 원인과 그 결과를 유전에 둔다.

이 네 가지 생각 가운데 저학년 학생들은 주로 처음의 세 가지 생각을 통해 진화의 본질을 파악하며, 고학년 학생일수록 마지막 생각을 통해 이를 이해한다. 처음 세 가지 생각들은 학생들의 일상적 경험 속에서 형성된 직관적 관념으로 진화 개념을 이해하는 데 저해 요인으로 작용하기도 한다. 반면 마지막 생각은 근대 유전학의 발달로 형성된 지식으로서 진화의 원인을 비교적 잘 설명하지만 진화의 구체적인 과정을 제시하지는 못한다.

저학년 학생일수록 기계론적 세계관보다 목적론적 세계관을 지니며, 이러한 세계관을 가진 학생들은 진화의 과정과 방법을 목적론적 관점에서 해석한다. 그들은 생물의 기관이 특정 목적을 달성하기에 적합한 모양으로 형성되어 있으며, 이에 따른 행동과 반응은 반드시 합목적적이라고 해석한다. 이러한 생각은 〈그림 4-10〉에서도 볼 수 있듯이 단순히 우연이나 확률로만 설명하기에는 지나치게 정교하고 합리적으로 보인다. 또한 조직적인 생물체의 여러 기관을 고려할 때에도 정당한 관념으로 받아들여질 수 있다.

이상에서는 진화에 관한 과학적 개념과 학생들의 직관적 생각을 비교하여 설명했다. 생물학자들이 지닌 진화 개념과 이에 대한 학생들의 생각으로 미루어 볼 때, 진화에 대한 전통적 학습지도 방법이 적절하지 않음을 알 수 있다. 생물의 진화는 더 이상 단순한 이론이 아니라 역사적 사실

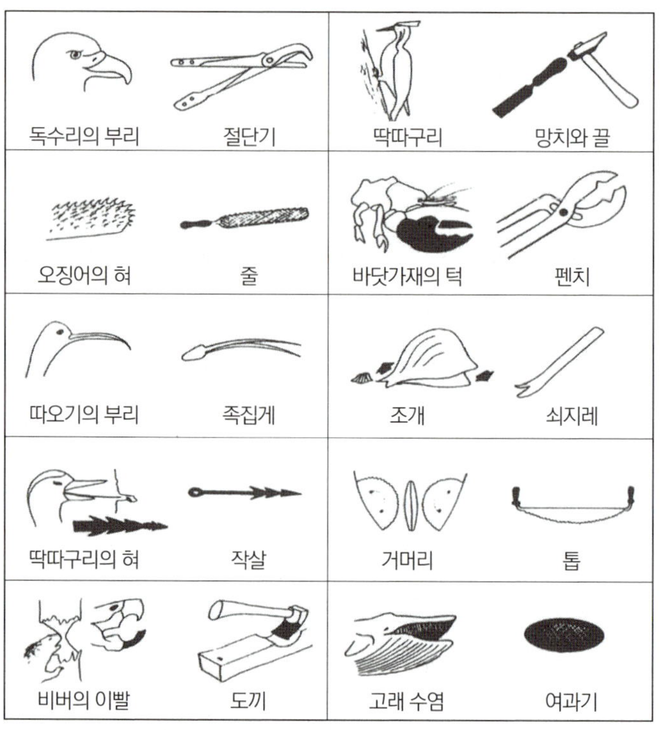

그림 4-10 | 인간이 만든 도구와 생물체 기관의 비교

로서 지도되어야 한다. 물론 학생들은 진화에 대한 생각을 학교 교육뿐 아니라 사회와 종교, 그리고 형이상학적 관점을 통해서도 형성한다. 그런데 종교적 신념과 사회적 이념은 과학적 가치관과 다르다. 따라서 종교의 교리나 사회적 이념을 통해 진화의 본성을 해석하는 학생이라 하더라도 자신의 종교적 신념이나 전통적 가치관을 버리지 않고도 생명과학적 지식, 즉 과학적 진화론을 이해할 수 있다.

학생들은 단순한 사고방식과 일상적으로 사용하는 언어를 통해서도 진화에 대한 잘못된 생각을 가질 수 있다. 그들은 생물이 생존을 위해 형질을 변화시키거나 새로운 형질을 획득하는 과정이 단순하다고 생각한다. 그러나 자연의 모든 현상은 학생들이 인식하는 것만큼 단순한 과정으로 이루어지지 않는다. 학생들은 대중매체를 포함한 여러 상황에서 쓰이는 언어를 통해서도 진화에 대한 오인을 갖게 된다. 우리는 흔히 "기후가 변함에 따라 생물은 그 환경에 적응해야 하며, 그렇지 못할 경우 멸종한다", "오로지 강하고 영리한 동물만이 살아남는다"와 같은 말을 듣는다. 이러한 표현은 목적론적 진술이지, 확률적·기계론적 설명은 결코 아니다.

05.
잘못 알기 쉬운 지구과학 개념

지구과학은 구제적 지식과 추상적 지식이 통합된 학문이다. 암석학 분야는 비교적 구체적인 개념과 그 체계로 이루어져 있는 반면, 천문학과 기상학은 상대적으로 추상적인 개념과 법칙, 이론을 중심으로 조직되어 있다. 특히 천문학과 기상학은 관찰하거나 측정할 수는 있지만, 과학적 실험의 핵심적 수단의 하나인 통제(control)는 거의 불가능하다. 따라서 천문학·기상학·지진 분야에는 인과관계의 발견과 검증에 목적을 둔 엄격한 의미의 과학적 연구나 탐구를 실제적으로나 효과적으로 적용하지 못한다. 또한 지구관은 일상적 경험의 범위를 초월해 인식되는 영역이기 때문에, 구체적 개념임에도 학생들이 배우기 어려워하는 분야 가운데 하나가 되고 있다. 5장에서는 지구관이 발달해 온 과정과 학생들이 보편적으로 지니고 있는 지구관과 우주관의 속성, 그리고 지진에 관한 학생들의 생각과 그것을 학습하기 어려운 이유를 서술한다.

1. 지구관과 우주관의 역사

과학사적으로 지구의 모습과 운동, 그리고 지구와 다른 행성 및 항성과의 관계에 관한 생각은 우주를 이해하고 세계를 바라보며 해석하는 기본 관점이었다. 고대인들은 당시의 학문적 발달 수준을 토대로 인간이 경험할 수 있는 범위 안에서 지구를 관찰하고, 그 결과를 바탕으로 지구의 구조를 여러 가지 모양으로 그렸다. 그들은 지구를 배 모양으로 보거나 평평한 것으로 생각하기도 했다. 기원전 3,000여 년 전 티그리스강과 유프라테스강 유역에 정착했던 수메르인들은 지구를 거꾸로 뒤집힌 배 모양으로 생각하기도 했다. 특히 오늘날의 시리아 지역에 거주했던 고대인들 사이에서는 지구가 둥글면서도 편평하다는 관념이 널리 퍼져 있었다.

지구가 공처럼 둥글다는 생각은 고대 그리스의 아테네 시대부터 널리 받아들여졌다. 피타고라스는 원이 가장 완전한 기하학적 도형이라는 원리를 바탕으로 지구가 둥글다고 생각했다. 이 생각을 받아들인 피타고라스 제자들은 지구가 우주의 중심에 있으며 자체의 축을 중심으로 자전하고, 태양을 포함한 다른 행성들이 완전한 원궤도를 따라 지구 주위를 공전한다고 가정했다. 플라톤과 아리스토텔레스도 이들의 생각을 받아들였다. 특히 아리스토텔레스의 우주관은 다소 수사학적인 측면도 있었지만, 지구가 둥글다는 견해에 관해서는 관찰자료에 근거하고 있었다. 그는 바다에 떠 있는 배가 멀어질수록 윗부분만 보이게 된다는 점과, 적도에서든 다른 위도로 이동하든 물체가 항상 아래로 떨어진다는 사실을 관찰한 결과를 바탕으로 이러한 결론에 이르렀다.

태양을 포함한 행성들의 운동은 물론, 지구와 다른 행성 및 항성들과의 관계도 고대 자연철학자들의 관심을 끌었다. 기원전 4세기 에우독소스(Eudoxos)는 천체의 주기적 운동을 설명하기 위해 지구를 중심에 둔 공동중심 다중원(또는 다중구)을 설정해 천체의 운동을 기하학적으로 설명했다. 아리스토텔레스도 공동중심 다중구설을 제안했으나, 태양과 행성이 부착된 구들은 에우독소스가 천체의 운동을 설명하기 위해 가상적으로 설정한 기하학적 구상이 아니라 실제로 존재하는 구(球)라고 주장했다. 그러나 이러한 우주관으로는 주기적으로 변하는 행성들과 천체들 사이의 상대적 거리를 잘 설명할 수 없었다.

고대 그리스 과학과 문화의 중심지는 기원전 4세기 후반 알렉산드로스 대왕의 정복으로 아테네에서 알렉산드리아로 옮겨졌고, 그에 따라 지구의 모습과 운동, 그리고 우주에 대한 지식도 새로운 차원으로 발달했다. 이미 이 시기에 오늘날의 과학적 지식과 크게 다르지 않은 지동설이 제시되었다. 아리스타르코스(Aristarchos, 기원전 310~230)는 지구가 하루에 한 번씩 지구의 축을 중심으로 자전하며, 태양을 중심으로 원을 따라 일 년에 한 번씩 공전한다고 주장했다. 그는 태양과 항성은 움직이지 않으며 모든 행성이 태양의 주위를 돈다고 주장했으나, 그 생각이 불경스럽다는 이유로 당시의 스토아 철학자들에 의해 받아들여지지 않았다. 그의 지동설은 에우독소스의 천동설이 안고 있는 문제점을 극복하기 위해 제시되었지만, 지구와 하늘이 서로 다른 물질로 이루어져 각기 다른 법칙을

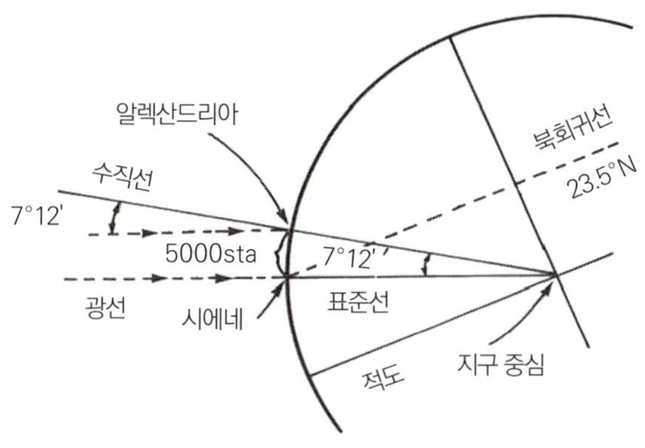

그림 5-1 | 에라토스테네스의 지구 둘레 측정 방법

따른다는 생각에서 벗어나지 못했던 고대인들에게는 쉽게 수용되기 어려웠다. 아리스타르코스의 지동설은 코페르니쿠스가 지동설을 제시한 다음 갈릴레오가 지상에 적용되는 역학 법칙을 발견하고 케플러가 천체의 역학 법칙을 확립했으며, 뉴턴이 지상과 천체가 동일한 역학 법칙을 따른다는 것을 확인함으로써 이해될 수 있었다. 아리스타르코스는 반달일 때 달, 지구, 태양이 각각 직각삼각형의 세 꼭짓점을 이룬다고 보고, 지구에서 태양까지의 거리가 지구에서 달까지 거리의 약 19배(실제의 1/20 정도)라고 추정했다.

당시에는 지구의 상대적 치수뿐 아니라 절대적 치수도 상당 부분 측정되었다. 지구의 크기, 즉 그 둘레가 측정된 것도 이 시기였다. 에라토스테네스(Eratosthenes, 기원전 275~194)는 〈그림 5-1〉과 같이 두 지점에서 측

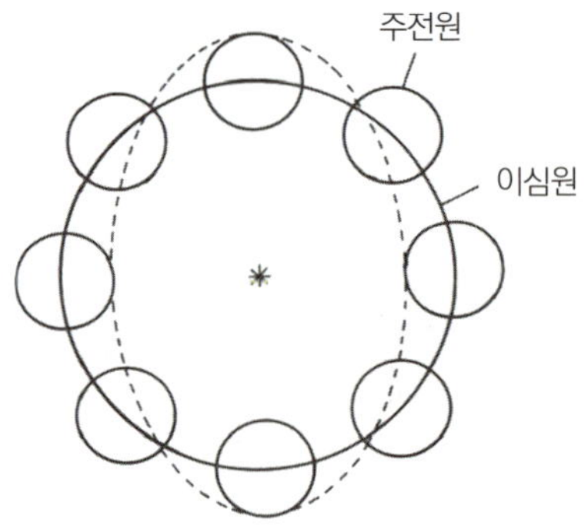

그림 5-2 | 주전원과 이심원

정한 태양 고도를 이용해 지구의 둘레를 계산했다. 그가 적용한 방법은 오늘날 확인된 실제 둘레와 겨우 50마일 정도만 차이가 날 만큼 과학적이고 합리적이었다.

알렉산드리아 시대에는 지구 운동에 관한 견해도 아테네 시대의 생각과 달라졌다. 아폴로니오스(Apollonios, 기원전 262~200)는 에우독소스나 아리스토텔레스의 우주관으로는 충분히 설명되지 않던 천체 현상, 특히 지구와 행성 및 항성 사이의 계절에 따른 거리 변화를 설명하기 위해 〈그림 5-2〉와 같이 주전원(epicycle)과 이심원(eccentric)을 도입한 새로운 우주관을 제시했다. 행성이 지구를 중심으로 공전할 때, 즉 주전원의 중심이 도는 궤도를 대원(deferent)이라 하며, 그 중심이 지구가 아닌 경우 이를 이심원이라 한다. 〈그림 5-2〉에서 주전원의 중심은 이심원을 따라 움직인다. 아폴로니우스의 우주관은 히파르코스(Hipparchos, 기원전

190?~125?)에 의해 더욱 발전되었고, 이후 프톨레마이오스가 제시한 천동설의 기본골격이 되었다. 프톨레마이오스의 우주관은 대원과 주전원 체계로 구성되어 있다.

프톨레마이오스 시대에는 에우독소스나 아리스토텔레스의 시대보다 훨씬 더 많은 주기적 천체 운동이 관찰되었다. 프톨레마이오스는 히파르코스의 우주관을 받아들여 당시까지 관측된 모든 주기적 현상들을 설명

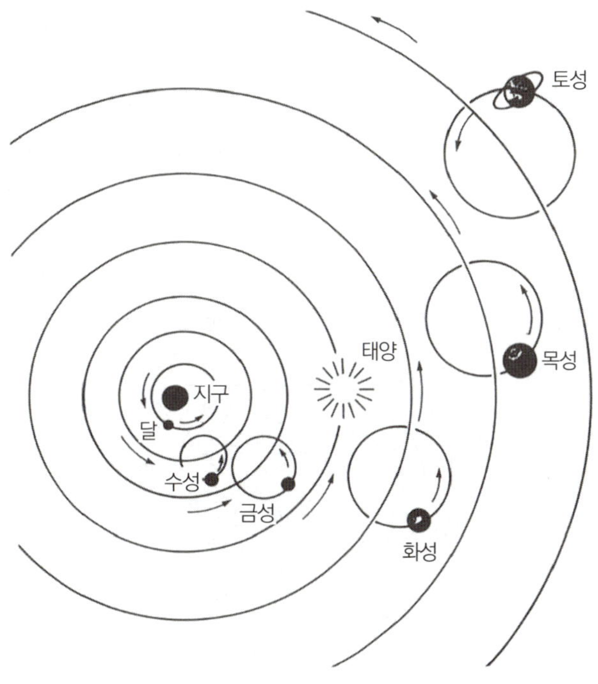

그림 5-3 | 프톨레마이오스의 우주관

하려면 최소 80여 개의 주전원과 이심원이 필요하다고 보고, 이를 바탕으로 〈그림 5-3〉과 같은 우주관을 제시했다. 그러나 그는 자신의 우주관을 구성하는 원들을 물리적 실체라기보다 수학적 도구로 취급했다. 프톨레마이오스의 우주관은 처음부터 잘못된 가정과 해석에 기초하고 있있지만, 코페르니쿠스와 케플러(Kepler, 1571~1630)가 근대적 우주관을 확립하기까지 약 1,500년 동안 인류가 우주를 생각하는 기본 관점이 되었다.

프톨레마이오스 우주관은 코페르니쿠스 우주관에 의해 대체되었고, 갈릴레오에 의해 결정적으로 부정되었다. 코페르니쿠스는 〈그림 5-4〉와 같은 우주관을 제시하며, 지구가 공전, 자전, 세차 운동을 한다고 주장했다. 그러나 코페르니쿠스가 프톨레마이오스의 천동설에서 태양과 지구의 위치를 바꾸어 태양을 우주의 중심에 둔 지동설을 제시했을 당시에는 코

그림 5-4 | 코페르니쿠스의 우주관

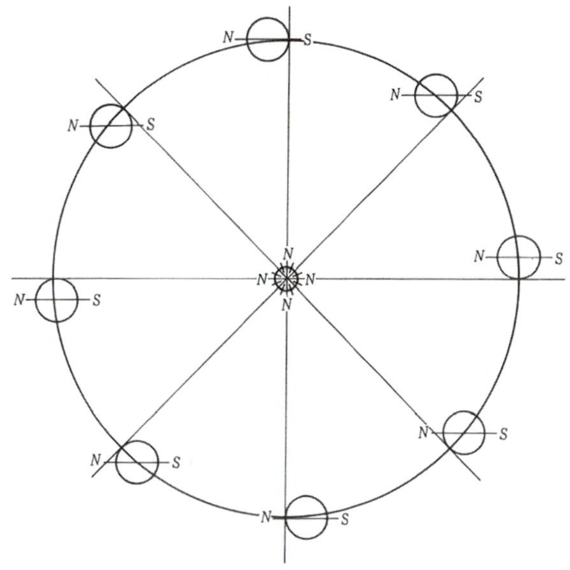

그림 5-5 | 케플러가 말한 지구의 타원궤도 원인

페르니쿠스의 지동설이 널리 받아들여지지 않았다. 또한 그는 프톨레마이오스보다 훨씬 적은 수의 원으로 천체 운동을 설명했으나, 그의 이론만으로는 모든 천체 현상을 올바로 해석할 수 없었다. 그의 우주관은 프톨레마이오스의 우주관에 의한 설명보다 오히려 그 정확도가 떨어졌다.

케플러는 튀코 브라헤(Tycho Brahe, 1546~1601)의 자료를 바탕으로 지구의 공전궤도를 타원으로 수정한 지동설을 제시했다. 그러나 행성들이 타원궤도를 따라 공전하는 이유를 알지는 못했다. 그는 〈그림 5-5〉와 같이 지구는 N과 S의 양극을 지니고 있지만 태양은 자극만을 띠고 있으므

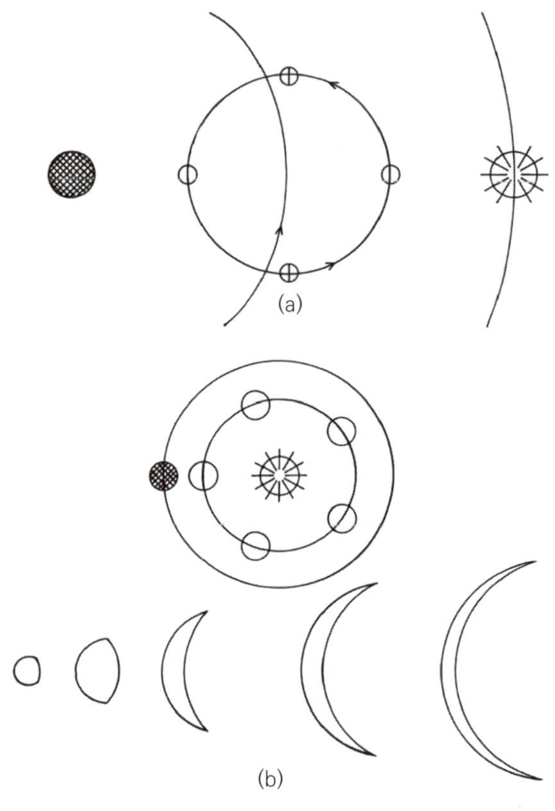

그림 5-6 | 금성의 위상 변화

로, 지구가 타원궤도를 따라 공전할 것이라고 가정했다.

케플러가 이론적 측면에서 코페르니쿠스의 우주관을 지지했다면, 갈릴레오는 실험을 통해 그 타당성을 증명했다. 갈릴레오는 〈그림 5-6(a)〉와 같이 천동설이 옳다면 금성은 항상 초승달 모양으로 보여야 하지만,

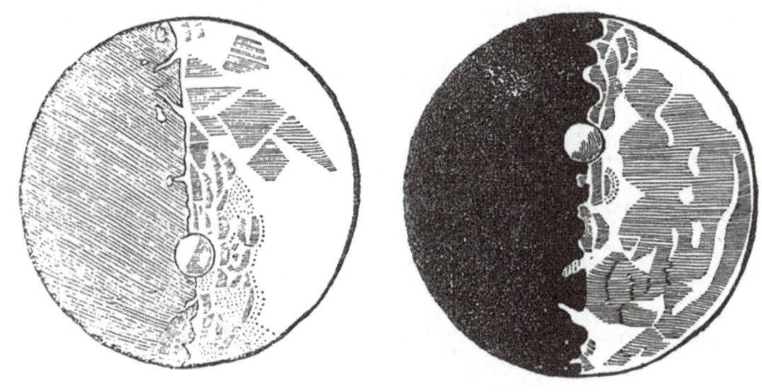

그림 5-7 | 갈릴레오가 관찰한 달의 모습

〈그림 5-6 (b)〉처럼 그 위상이 변하는 것을 관측하고, 이는 지구를 포함한 행성들이 태양을 중심으로 공전하기 때문이라고 설명했다.

갈릴레오는 또한 자신이 만든 망원경으로 우주를 관찰하고 그 결과를 근거로 지동설을 지지했다. 그는 〈그림 5-7〉과 같은 모습의 달을 관측해 코페르니쿠스의 우주관을 실험적으로 증명했을 뿐만 아니라, 프톨레마이오스의 우주관과 아리스토텔레스의 우주관을 부정하는 증거로 제시했다. 〈그림 5-7〉은 표면이 울퉁불퉁한 달의 모습을 보여주는데, 이는 천상계가 완전해 모든 행성과 항성들이 완전한 구를 이룬다는 아리스토텔레스의 생각과 어긋난다.

16세기에 제기된 코페르니쿠스의 지동설은 17~18세기에 이르러 갈릴레오와 뉴턴에 의해 천체의 운동을 지상의 운동법칙으로 설명하는 근대적 우주론으로 발달했으며, 그에 따라 천체와 지구를 구분하던 관념도 사라지게 되었다. 동시에 항성에 대한 관심도 높아져 그 범위가 수백 광년에 이르는 항성계로 뻗어 나갔다. 18세기에는 윌리엄 허셜(William Herschel, 1738~1822)이 우주 공간에 태양계가 속한 은하계와 비슷한 외부 은하계가 무수히 산재해 있다는 우주관을 확립했다. 1929년 에드윈 허블(Edwin Hubble, 1889~1953)이 팽창하는 우주를 발견하면서, 대폭발설 혹은 팽창우주론이라 불리는 현대의 우주관이 확립되는 근거가 마련되었다.

이상에서는 지구관과 우주관의 변천 과정을 간단히 살펴보았다. 이미 지적했듯이 지구와 우주는 부분적으로는 관측할 수 있으나 전체 모습을 보기에는 한계가 있어 그 본성이 밝혀지기까지 오랜 시간이 필요했다. 예컨대 광대한 우주의 크기를 측정할 수 있게 된 것도 20세기에 이르러서야 비로소 가능했다. 이러한 사실은 학생들이 올바른 지구관을 형성하는 데에도 상당한 지식과 인지적 발달 수준이 요구됨을 시사하며, 이에 대해서는 다음 절에서 더욱 자세히 다룬다.

2. 학생들의 지구관과 대안개념

앞 절에서 살펴본 바와 같이 지구는 고대인들이 관심을 가졌던 자연철학의 여러 주제 가운데에서도 그들의 생활과 가장 밀접하게 관련된 대상이었다. 인간이 살고 있다는 사실만으로도 지구는 고대로부터 주요한 관심 대상이 될 수밖에 없었다. 천문학이 크게 발달했던 수메르와 그리스의 지구관은 서로 차이가 있었지만, 고대에 지구는 천문학뿐 아니라 기상학, 지리학, 우주구조론, 그리고 자연박물학의 중요한 연구 대상이 되었다. 또한 고대에는 목적론적 관점에서 지구의 속성과 특성을 해석하는 추세였다. 즉 성경에 쓰인 우주와 만물의 창조설에 따라 지구에서 일어나는 모든 현상의 원인을 설명했다.

다른 분야의 과목과 비교할 때 지구과학에서는 학생들의 직관적 관념이 상대적으로 적게 발견된다. 다만 지구와 우주의 관계에 대한 직관적 관념은 비교적 자세하고 체계적으로 밝혀져 있다. 이는 지구관이 직접 경험할 수 있는 구체적 개념의 체계인 동시에 추상적 속성도 지닌 과학적 이론이기 때문이다. 학생들의 지구와 우주에 대한 개인 개념은 〈그림 5-8〉과 같이 대체로 다섯 단계의 기본 관념을 거치며 발달한다.

〈그림 5-8〉에서도 보듯이 저학년 학생들의 지구관은 자기중심적 세계관인 천동설에서 출발해 지동설과 같은 과학적 개념으로 변화한다. 이

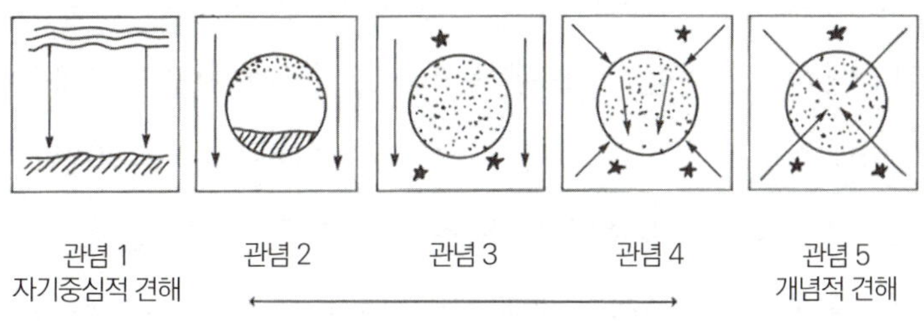

그림 5-8 | 학생들의 지구에 대한 기본 관념

러한 지구관의 발달 과정은 아동들이 자연현상을 이해할 때 적용하는 기본 관점이 자기중심적 기준계에 따라 피상적 특징만을 지각하는 단계에서 벗어나, 본질적 실체를 개념화하는 단계로 나아가며 발달함을 보여준다. 〈그림 5-8〉에서 '관념 1'은 지구의 표면이 편평하다는 생각을 의미한다. 학생들은 이러한 생각과 지구가 둥글다는 관점을 결합해, 지구를 원반이나 접시처럼 둥근 형태로 이해하게 된다. 이러한 관념을 바탕으로 지구의 구조와 그것의 역학적 현상들을 다양하게 인식한다. '관념 1'에 따라 학생들이 인식한 지구의 모습은 〈그림 5-9〉와 같다.

〈그림 5-8〉의 '관념 2'는 지구가 공처럼 둥글다는 생각을 의미한다. 그러나 어린 학생들은 무한한 우주에 대한 관념이 형성되어 있지 않기 때문에, 지구의 윗부분에 보이는 하늘을 우주의 끝으로 여기고, 지구의 반대편 아래에는 땅과 대양이 있으며 그것이 우주의 밑바닥이라고 생각한다. 이러한 '관념 2'에 따라 어린 학생들이 인식한 우주를 더 구체적으로 표현하면 〈그림 5-10〉과 같다.

'관념 3'은 지구가 구형이며 지구의 위쪽에서만 살 수 있다는 생각이다. 이 관념은 '관념 2'보다 우주와 공간 개념이 조금 더 발달되어 있다. 이 관념에 따르면 하늘이 지구를 둘러싸고 있으며, 지구의 아래쪽이나 우주의 아래쪽에는 어떤 구체적인 바탕도 존재하지 않는다. 그러나 이 관념도 지구를 기준으로 우주의 상하를 구분하지 못한다는 점에서 자기중심적 지구관 또는 인간중심적 세계관을 벗어나지 못했다. 이러한 '관념 3'에 따라 묘사한 우주관은 〈그림 5-11〉과 같다.

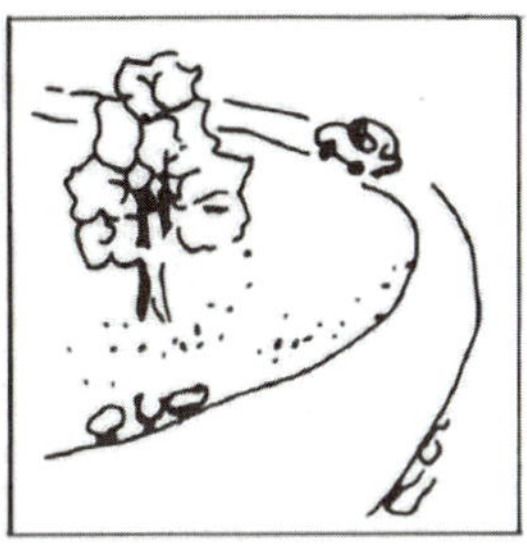

(a) 지구가 둥글다는 것은 길이
구부러져 있다는 것을 뜻한다.

(b) 지구가 둥글다는 것은 산의
모습을 말한다.

(c) 지구는 하늘에 있는 어떤 행성을
나타낸다.

(d) 둥근 지구가 대양에 둘러싸여 있다.

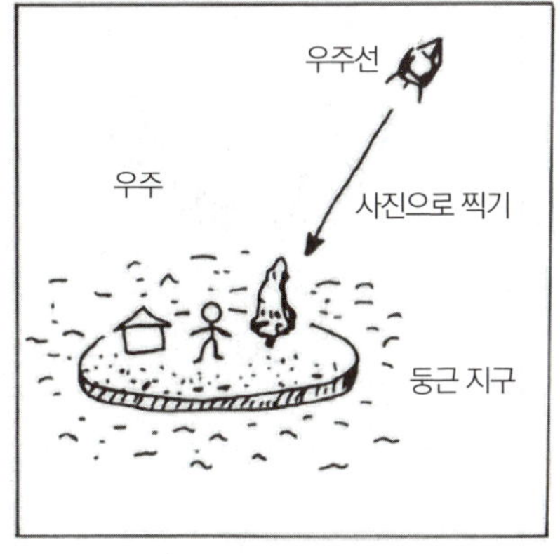

(e) 인공위성에서 본 지구는 이런 모습이다.

그림 5-9 | 관념 1에 바탕을 둔 지구관

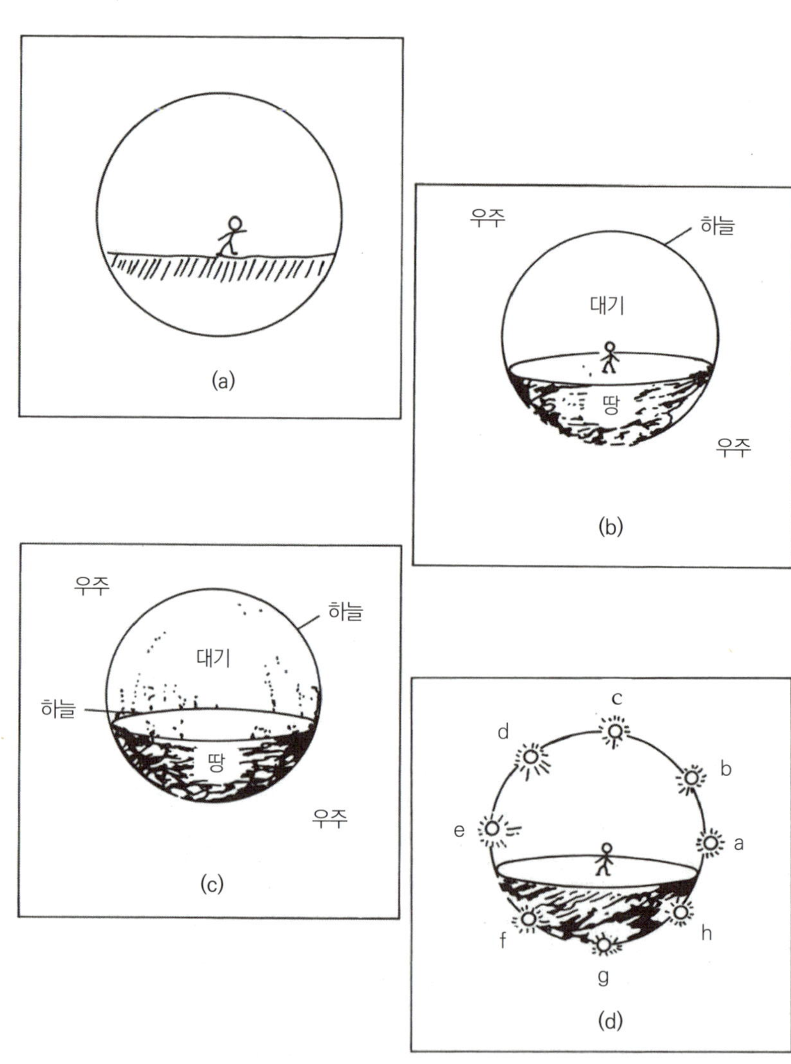

그림 5-10 | 관념 2에 바탕을 둔 지구관

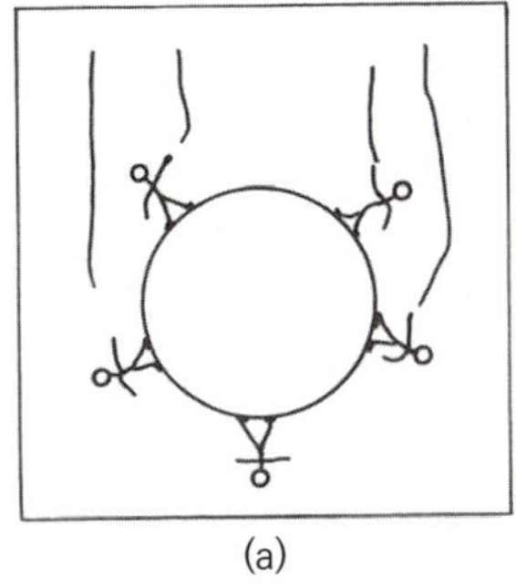
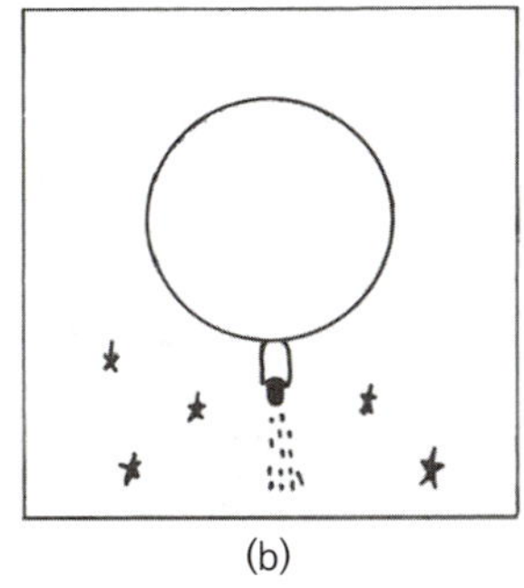

그림 5-11 | 관념 3에 바탕을 둔 지구관

〈그림 5-11〉에서 (a)는 돌을 위로 던졌을 때 움직이는 방향을 나타내고, (b)는 남극 지방에서 병 속의 물이 떨어지는 모습을 그린 것이다. '관념 3'을 지닌 학생들은 인간이 지구의 어디에서나 서 있을 수 있으나 모든 물체가 아래쪽, 즉 한쪽으로만 떨어지거나 힘이 가해진 방향으로만 움직인다고 생각한다. 이들은 지구 밖의 어떤 점을 기준으로 해서 볼 때 자기가 위인지 또는 아래인지를 분명하게 인식하지 못한다.

'관념 4'는 지구 개념의 구성요소를 잘 보여주는 관념으로서 지구 위 어디에서나 살 수 있다는 생각을 그대로 반영한다. 이 관념은 지구를 기준계로 삼아 상하의 방향을 인식하며, 모든 물체가 어디에서나 지구 표면으로 떨어진다고 본다. 그러나 지구 중심을 기준으로 한 상하 방향을 올바르게 설명하지 못하기 때문에 이 관념을 지닌 학생들은 〈그림 5-12〉와 같이 물체가 자신을 중심으로 볼 때 아래로 떨어진다고 생각한다.

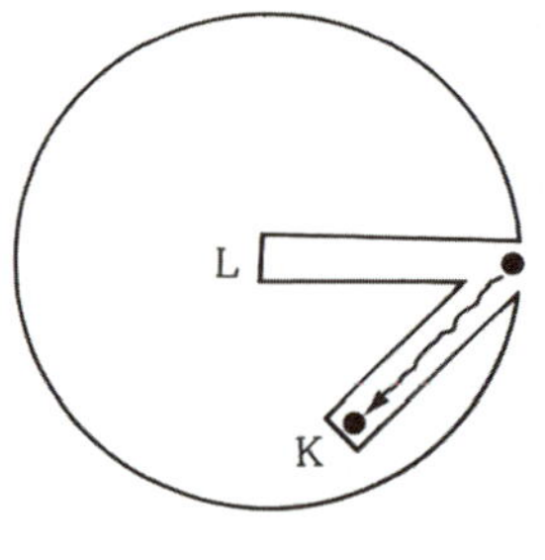 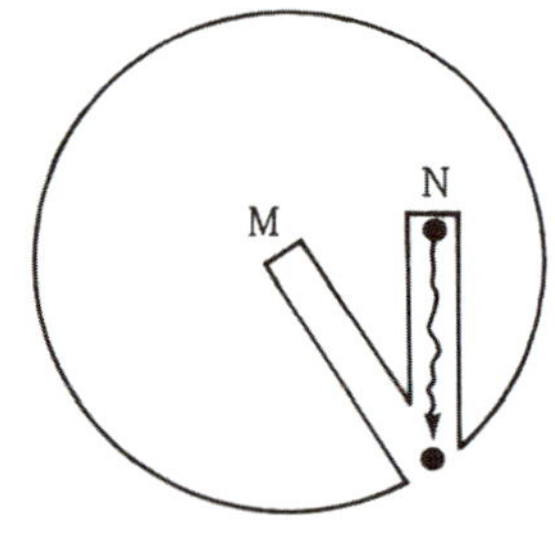

(a) 물체가 K로 떨어진다.　　　　　(b) 물체가 아래로 떨어진다.

그림 5-12 | 관념 4에 바탕을 둔 물체의 낙하 방향

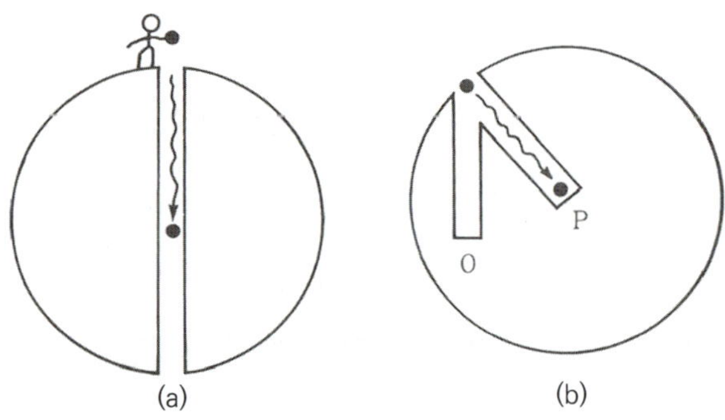

(a)　　　　　　　(b)

그림 5-13 | 관념 5를 갖고 있는 학생들의 지구관

‘관념 5’는 오늘날 과학자들이 제시하는 현대적 의미의 지구 개념으로서 지구의 중심에 따라 상하의 방향을 올바르게 판단하고 결정할 수 있는 관념이다. 이 관념을 가진 학생은 주어진 문제의 상황에 상관없이 지구에 관한 어떤 문제에도 일관성 있게 이 관념을 적용할 수 있다. 〈그림 5-13〉에 나타난 것처럼 ‘관념 5’를 지닌 학생들은 어떠한 상황에서도 현대의 지

구관을 정확하게 표현할 수 있으며, 지구와 우주의 관계도 현대의 천문학자가 제시하는 의미에 따라 이해할 수 있다.

대다수의 학생들은 지구에 대해 그릇된 생각을 지니고 있으며, 이러한 생각은 나이가 들면서 점차 과학지식으로 발달한다. 그러나 이들이 가진 그릇된 생각은 학교에서 배운 지식과 뒤섞여 지구와 관련된 현상의 속성과 그 원인을 이해하는 데 저해 요인으로 작용하기도 한다. 예를 들어 겨울에는 왜 춥고 여름에는 왜 더운지 물으면 적지 않은 학생들이 여름보다 겨울에 지구와 태양 사이의 거리가 멀기 때문이라고 대답한다. 사실 지구에서 계절 변화가 나타나는 이유는 〈그림 5-14〉와 같이 공전면에 대해 66.5°로 기울어진 채 고정된 자전축을 중심으로 공전함으로써 지표면에 도달하는 일사량이 달라지기 때문이다. 실제로는 겨울보다 여름에 태양과 지구 사이의 거리가 더 멀다. 그러나 학생들은 지구가 태양이 그 한 초점에 있는 타원궤도를 따라 공전한다는 것을 배우고, 불에 가까이 갈수록 따뜻해진다는 일상적 경험을 함께 적용해 위와 같은 틀린 답을 제시한다.

이상에서 살펴본 바와 같이 지구관은 학교 밖의 일상생활이나 자연에 대한 직접적 탐구 과정에서 얻은 경험을 바탕으로 나이가 들면서 자연스럽게 획득된다. 이 개념은 학교의 형식적 교육만으로는 즉각적으로 내면화되지 않으며, 학년별로 고유한 관념의 형태 그대로 유지되는 경향이 강하다. 따라서 이러한 개념은 한두 시간의 전통적 학습지도의 전략과 방법만으로는 과학적 개념으로 쉽게 바뀌지 않는다.

3. 학생들의 우주관과 대안개념

우주관은 태양계는 물론이고 모든 천체와 천체들 사이의 공간을, 곧 모든 물질·시간·공간을 포괄하는 세계관을 의미한다. 그러나 학생들이 가지고 있는 우주에 관한 지식은 그들의 경험과 관측 범위에 한정될 수밖에 없다. 따라서 그들의 우주에 관한 지식은 그릇된 관점을 형성하게 하고, 우주의 본성을 잘못 해석하게 만드는 원인이 되기도 한다.

학생들은 지구를 포함한 행성과 항성의 크기, 운동, 태양계의 구조, 밤과 낮이 생기는 원인, 중력에 대해 특히 많은 오인을 하게 된다. 어린 학생들일수록 지구가 이 세상에서 가장 크고, 그다음이 태양이나 달이며, 항성이 가장 작다고 생각한다. 이러한 인식은 그들이 자기중심적 생각 또는 인간중심적 사고방식을 벗어나지 못했음을 보여준다.

저학년 학생들은 대개 지구가 움직이지 않고 정지해 있으며, 태양과 달이 위에서 아래로 혹은 아래에서 위로 운동하거나 동쪽에서 서쪽으로 움직인다고 생각한다. 이들 가운데에는 태양이 지구 주위를 돈다는 천동설의 관념을 지닌 학생들도 있고, 일부는 달이 밤에는 왼쪽에서 오른쪽으로 움직이지만 낮에는 전혀 움직이지 않는다고 말한다. 물론 지구뿐 아니라 태양과 달도 움직이지 않는다고 생각하는 학생들도 적지 않다.

학생들에게 태양계 그림을 보여주면서 지구, 태양, 달의 위치를 물으면 상당수 학생들이 태양을 지구로 잘못 지적한다. 어떤 것이 태양인지 다시 물으면 행성 가운데 하나를 가리키는 경우가 보통이다. 달을 말해 보라고 할 때도 실제 달이 아니라 행성 가운데 하나를 지적하는 일이 흔하다. 이러한 반응은 학생들이 달에 대해 다음과 같은 대안개념을 갖고 있음을 보여준다.

- **대안개념**: 달에는 중력이 없다.
- **과학적 개념**: 달도 중력(지구 중력의 약 1/6)을 갖고 있다.
- **대안개념**: 달은 자전축을 중심으로 자전하지 않는다.
- **과학적 개념**: 달도 자전축을 중심으로 자전한다.
- **대안개념**: 달의 위상은 지구의 그림자로 인해 생긴다.
- **과학적 개념**: 달의 위상은 태양·지구·달의 상대적 위치에 따라 태양의 빛이 비치는 부분과 그렇지 않은 부분으로 나뉘어 생긴다.

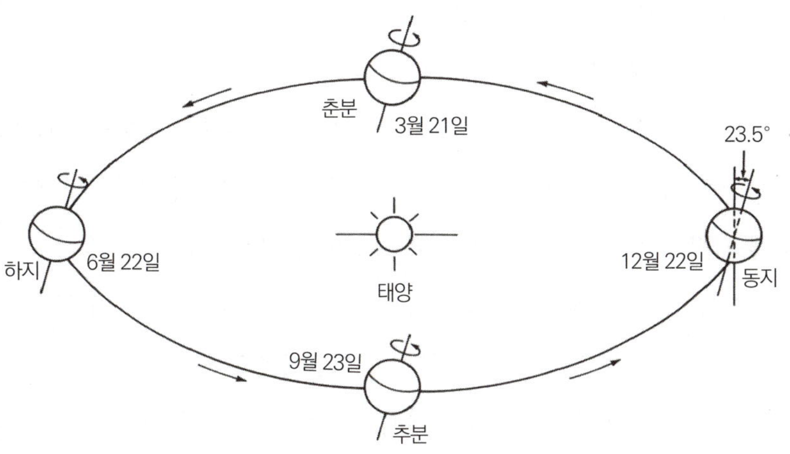

그림 5-14 | 지구의 자전축과 공전궤도

- **대안개념**: 밀물은 달이 물을 끌어당겨 일어난다.
- **과학적 개념**: 밀물은 달과 태양의 중력이 지구의 각 부분에 다르게 작용하여 생기는 중력 차이(조석력) 때문에 발생한다.

초등학교 저학년 학생들은 흔히 밤과 낮이 생기는 이유를 목적론적 관점에서 직관적으로 설명하며, 태양이 밤에는 잠자러 산 아래로 내려가거나 숨어버린다고 말한다. 밤과 낮이 지구의 자전에 의해 생긴다고 이해하는 학생의 수는 매우 적다. 그들 가운데에는 지구 주위를 태양이 돌기 때문에 밤과 낮이 생긴다고 말하는 이도 있다. 또한 일부 학생들은 지구의 자전 개념을 인식하지 못한 채 지구가 태양의 주위를 돌기 때문에 생긴다고 생각하기도 한다.

중력은 학생들이 학습하기 어려울 뿐만 아니라 잘못 알기 쉬운 개념 가운데 하나이다. 일반적으로는 중력이 지상의 물체를 지구의 중심 방향으로 끌어당기는 힘을 의미하지만, 물리학적으로는 모든 질량 사이에 작용하는 기본 상호작용으로서 네 가지 기본 힘 가운데 하나이다. 그러나 학생들은 이 개념을 배우고 이해하는 데 큰 어려움을 겪는다. 그들은 중력을 사람을 지구 위에 고정시켜 주는 힘이라기보다 지구를 고정하는 힘으로 취급하기도 한다. 또한 인간 모두가 지구의 위나 그 안에서 살고 있다고 보며, 우리가 살고 있는 지구의 반대편에서도 살 수 있다는 가능성을 전혀 생각하지 못한다. 그들 가운데 일부는 지구의 반대편에도 사람이 살 수 있다고 보지만, 그곳에서 편히 살 수는 없을 것이라고 말한다.

4. 지진에 관한 학생들의 생각

지진은 지각의 내부에서 일어나는 급격한 변화와 이로 인한 지각의 동요 현상을 말한다. 이러한 지진의 의미는 16세기 이후에야 본격적으로 논의되었으며, 오늘날에도 그 속성이 잘못 이해되는 경우가 드물지 않다. 또한 16~17세기에는 지진이 지구가 소멸해 가는 증거로 여겨지기도 했다. 그것은 지구 내부의 불안정과 붕괴의 징표, 혹은 격분한 신의 표시로 생각되기도 했다. 당시 일부 자연철학자들은 지진이 유해한 가스나 폭발성 화학물질이 축적된 결과라고 보았으며, 18세기에는 지진을 천둥과 관련된 전기설로 설명하기도 했다.

현재까지 지진이 일어나는 원인과 과정이 완전히 밝혀지지는 않았으나, 단층설·마그마 관입설·탄성반발설 등 다양한 이론이 제시되어 왔다. 단층설은 단층을 경계로 양쪽 암반이 급격히 어긋나면서 지진이 일어난다고 설명하며, 마그마 관입설은 고압상태의 마그마가 저항이 작은 부분으로 돌입해 일어난다고 기술한다. 탄성반발설은 지하에 저장된 에너지의 일부가 탄성 에너지로 방출되면서 단층 운동이 일어나고, 그 결과 지진이 발생한다고 설명한다.

학생들은 지진의 특성과 그 원인을 여러 가지 지질학적 현상과 관련지어 설명하려는 경향을 보인다. 그들은 지진이란 지표면이 크게 흔들리고 큰 재앙을 가져오는 경우가 보통이라고 생각한다. 또한 지진이 지각 내의 열이나 센 압력으로 인해 일어난다고 생각한다. 이런 생각은 지진으로 건

물, 집, 다리가 파괴되고, 산이 무너지고 땅이 갈라지며, 때로는 많은 사상자를 낳았던 과거의 대지진 경험에 바탕을 둔 것이다. 학생들은 이러한 지진을 화산 활동과 혼동하는 경향마저 보인다. 즉 지진이 일어날 때는 화산이 폭발하며 용암이 분출되는 것과 마찬가지로, 항상 어떤 것이 분출된다고 본다.

지진이 일어나는 원인이야말로 학생들이 이해하기 가장 어려운 개념이다. 대다수의 학생들은 지진의 정확한 원인을 이해하지 못한 채, 지각과 지구핵이 상호 충돌하거나 지구핵이 너무 뜨거워져 지각에 충격을 가함으로써 지진이 일어난다고 생각한다. 그들은 지구의 판(plate)이 움직이는 원인으로 태양열, 공기, 천둥이나 비, 바람을 제시하기도 한다.

이와 같은 원인으로 지진이 일어난다고 생각하는 학생들은 지진이 일어날 때 지구의 표면과 내부에 어떤 변화가 일어나는지에 대해서도 잘못 예측하는 경우가 많다. 지진이 일어날 때 지구의 표면이 깨지거나 갈라지며 구멍이 뚫릴 것이라고 대답하는 경우가 가장 흔하다. 대다수의 학생들은 지진이 일어날 때 지구 내부에 어떤 변화가 일어날지 잘 알지 못하지만, 일부는 용암이 끓고 맨틀이 움직이며 화산이 폭발한다고 생각하기도 한다.

이상에서 논의한 바와 같이 학생들은 지진의 의미와 그 원인을 이해하는 데 적지 않은 어려움을 느낀다. 그 이유는 여러 가지가 있겠지만, 가장 근본적인 원인은 지진이 일어나는 과정을 구체적으로 관찰하기 어렵기 때문이다. 우리는 지표면이 흔들리거나 여러 사물이 파괴되는 현상을 보고 그 원인을 추론할 수밖에 없다. 그러나 이러한 추론의 타당성은 그 바탕이 되는 명제들의 타당성이 먼저 보장될 때 확보될 수 있다. 또한 이러한 현상들은 모두 지진이 일어날 때에만 관찰되는 것은 아니다.

06.
과학을 잘못 알기 쉬운 이유는?

과학은 배우기 어려울 뿐만 아니라 열심히 공부하더라도 잘못 이해하기 쉬운 학문 분야 가운데 하나다. 그러나 모든 과학 개념이 학습하기 어렵고 잘못 이해하기 쉬운 것은 아니다. 특히 다양한 상황에서 경험하기는 쉽지만, 이론적이고 추상적인 과학 개념일수록 학습하기도 어렵고 잘못 이해하기는 더욱 쉽다. 추상적 과학 개념은 본질적 속성 때문에 대상을 가시적으로 보이거나 지칭하기가 매우 어렵다. 따라서 이러한 개념들은 대상을 직접 다루거나 기술하기보다 누구에게나 친숙한 용어와 모형을 사용해 비유적으로 표현하거나 일상생활에서 획득한 내용·비유·모형·유추 등을 이용한 대비를 통해 설명할 수밖에 없다. 그러나 이때 이러한 대비에 사용되는 용어, 모형, 비유, 유추는 그 자체가 과학적 개념·법칙·이론이 지칭하는 궁극적 대상이 아니라는 데 문제가 있다. 과학의 본성과 과학지식 및 그 구성요소가 되는 과학적 개념·법칙·이론의 본질은 이 밖에 경험의 범위와 한계, 각급 학교의 교육과 각종 교수-학습 자료, 사회적 제도나 문화적 가치관, 그리고 전통적 관습 등을 통해서도 잘못 파악할 수도 있다. 6장에서는 이러한 점들을 중심으로 과학의 본성과 과학지식이 잘못 이해되기 쉬운 이유를 살펴보고, 이에 대한 현대 인식론적 관점을 간단히 알아본다.

1. 언어의 사용

과학적 이론·법칙·개념의 의미와 특성을 서술할 때 일상적인 생활 용어가 사용되는 경우가 적지 않다. 예를 들어 원자의 '핵'과 세포의 '핵'은 핵물리학과 세포학에 전문적인 용어이지만 일상생활에서도 자주 사용된다. 학생들은 일상생활을 통해 획득한 의미를 바탕으로 원자의 핵과 세포의 핵을 해석하고 이해하며, 이를 각각 원자와 세포의 구성요소 가운데 가장 중요한 부분으로 생각하게 된다. 그러나 원자의 핵은 원자를 이루는 구성요소 가운데 중성자와 양성자가 자리한 한 부분일 뿐이고, 세포의 핵은 여러 세포 내 소기관 가운데 염색체와 인을 포함하고 있는 세포질의 한 부분에 불과하다. 이 용어들이 각각 원자와 세포에서 가장 중요하고 핵심적인 부분처럼 표현되는 것은 과학적 용어가 지칭하는 대상의 실체를 나타낸다기보다 인위적으로 규정된 '중요성'을 표현하는 용어에 지나지 않음을 보여준다.

일상생활에서 일반적으로 쓰이는 문맥도 학생들이 과학을 잘못 이해하는 원인이 된다. 일상적으로 '음식물'은 먹고 마시는 것을 통틀어 일컫는 말이지만, 생명과학에서는 생명체에 필요한 에너지와 구성물질을 제공하는 물질로 정의한다. 이 정의에 따르면 식물의 음식은 광합성을 통해 합성된 유기물, 즉 햇빛과 외부로부터 흡수한 무기물을 이용해 식물체 내부에서 합성한 탄수화물이다. 그러나 학생들에게 식물의 삶과 성장에 필요한 음식이 무엇인지 물으면 흔히 탄산가스, 산소, 물, 햇빛, 비료, 양분 등 식물이 외부로부터 흡수하는 물질이라고 대답한다. 이런 대답은 일상적으로 쓰이는 음식이라는 용어에 함축된 의미, 즉 사람이 먹고 마시는 것을 바탕으로 과도한 일반화를 시도했거나 이를 논리적으로 비약해 진술한 결과이다.

과학 용어 중에는 비교적 오래전에 형성되어 오늘날까지 사용되는 것들이 많다. 이러한 용어는 학생들이 그 말이나 단어와 관련된 내용을 이해하는 데 어려움을 주거나 잘못 알게 하는 원인이 되기도 한다. 이들 용어는 제기된 당시의 의미를 그대로 담고 있어, 이후 크게 발달한 과학지식을 이해하는 과정에서 오히려 저해 요인으로 작용한다. 현대의 과학자들은 열을 에너지의 한 형태로 취급한다. 그러나 엠페도클레스를 포함한 고대의 자연철학자들은 그것을 궁극적 물질로 취급했고, 열소라는 물질로 이루어져 있다고 생각하기도 했다. 열은 흐름, 전도, 열량과 같은 용어와 함께 사용되면서 학생들로 하여금 열소 또는 열을 물질적 본질로 이해하게 만들기도 한다.

2. 모형과 은유법 및 비유법 사용

각종 과학 교과서에서는 과학적 개념·법칙·이론을 모형이나 은유·직유·비유 등 유추법을 이용해 서술한다. 원자와 DNA의 구조들은 그 본성을 표현하기 위해 모형을 사용한 대표적인 예이다. 〈그림 6-1〉에 나타낸 바와 같이, 보어의 원자 모형은 태양계의 구조를 본뜬 것이다. 그러나 그것은 원자의 구조를 상상해 그린 모형일 뿐 원자 자체는 아니다. 과학적 법칙은 이런 모형과 더불어 수학적 공식이라는 비유를 사용하여 표현되기도 한다.

제임스 왓슨(James Watson, 1928~2025)과 프랜시스 크릭(Francis Crick, 1916~2004)이 제시한 DNA 모형(〈그림 6-2〉)도 DNA의 구조를 그럴듯하게 나타내기 위해 뒤틀린 사다리의 모양을 빌려 그린 모형일 뿐, DNA의 실제 모습 자체는 아니다. 그러나 과학 교과서에서는 이러한 모형을 각각 진짜의 원자와 DNA의 구조인 것처럼 서술하기도 한다. 입자나 분자의 운동

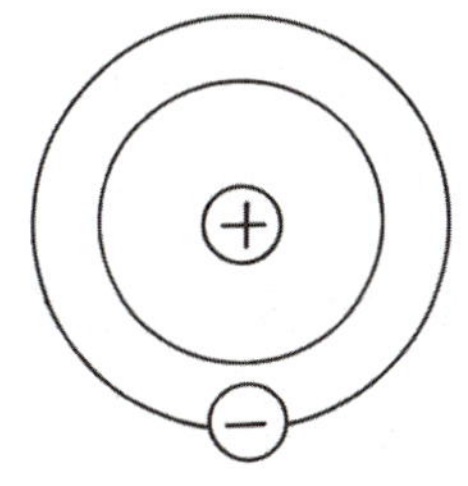

그림 6-1 | 보어의 원자 모형

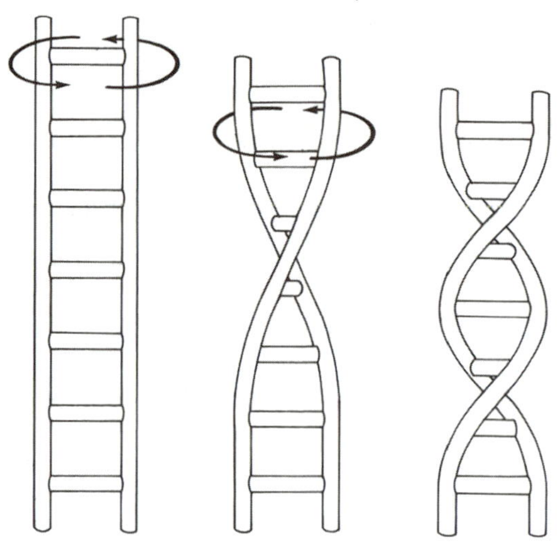

그림 6-2 | DNA 구조

도 모형으로 제시되지만, 이것들도 입자의 실제 운동을 표현하는 데는 한계를 드러낸다. 입자의 운동 모형도 입자들 사이의 실제 거리를 나타내기란 사실상 불가능한데, 이는 모형으로 표현된 과학지식이란 절대적 진리가 아니라 잠정적·가설적 진술에 불과하다는 점을 시사한다.

이상의 기술에서도 알 수 있듯이, 과학적 이론·법칙·개념의 실재를 기술하거나 설명할 때 사용되는 모형은 어떤 현상이나 실체가 지닌 추상적 속성을 알기 쉽게 설명할 수 있도록 단순화하고 형상화한 구조적 체계를 말한다. 또한 설명하려는 현상과 대상을 본떠 만든 그림이나 추상화된 구조를 뜻하기도 한다. 모형의 구조는 수식, 언어적 진술, 상징적 기호나 부호, 도표, 사진 등 여러 가지 수단과 방법으로 표현할 수 있다. 모형이 지니는 이와 같은 특성들이 암시하듯이, 그것은 과학적 현상과 사물의 본질을 서술하기 위해 도입한 설명체계일 뿐이지 그 자체로 과학 이론·법칙·개념일 수는 없다. 일반적으로 모형은 과학적 이론·법칙·개념이 형성되는 과정의 맨 처음 단계에서 구조화된다. 그러므로 학생들이 모형을 통해 과학적 법칙·개념·이론을 배우거나 학습할 경우 그 본성을 잘못 이해할 가능성은 농후하다.

특히 과학적 이론과 법칙의 기술에 사용되는 모형은 잘 알려지지 않았거나 새로운 현상을 비교적 친숙한 상황과 용어에 빗대어 설명하는 비유 수단이며, 이러한 비유에는 주로 유사법과 은유법이 활용된다. 예를 들어 중학교 과학 교과서에서는 전선을 따라 흐르는 전기를 높은 곳에서 낮은 곳으로 연결된 수도관을 통해 흐르는 물에 비유해 설명한다. 또한 전압의 세기는 물의 높이에 따른 압력에 대응하는 것으로 설명된다. 이러한 유사법으로부터 알 수 있듯이, 전기의 모형은 학생들이 전기의 흐름과 물의 흐름을 동일시할 수 있는 충분한 근거를 제공한다. 그러나 전기의 흐름과 물의 흐름은 근본적으로 다르다. 수도관을 이동하는 물은 물 분자 자체의 흐름을 의미하지만, 전선을 통과하는 전기는 전자보다는 음전하를 띤 자유전자에 의해 생긴 자유 에너지의 흐름이다. 전기에 대한 표현은 일상적인 용어가 은유적으로 사용되면서 그 본성을 파악하기 어렵게 하거나 잘못 이해하게 만드는 원인이 되기도 한다. 전류와 전압은 각각 일상적 의미의 흐름과 압력이라는 의미를 사용하고 있다.

3. 경험의 한계

인간이 경험할 수 있는 대상과 범위는 매우 한정되어 있다. 아무리 해상력이 뛰어난 전자현미경을 사용하더라도 관찰할 수 없는 극미의 물질이 있으며, 어떠한 망원경으로도 볼 수 없는 별들이 존재한다. 과학의 대상은 공간적으로는 극소하면서도 무한하고, 시간적으로는 순간적이면서도 영원하다. 설령 전자현미경을 이용해 아주 작은 물질을 본다고 하더라도 불확정성 원리에 의해 그 본질은 이미 변질되어 있다. 망원경을 통해 본 별은 몇 억 광년 전의 모습일 수도 있다. 이처럼 미시세계와 거시세계는 인간이 직접 접근하거나 통제할 수 있는 범위를 초월하기 때문에 실제적인 실험은 불가능하며, 오로지 논리적 추론과 관찰 · 측정만이 가능하다. 그러나 논리적 추론과 관찰 역시 1장에서 지적한 바와 같이 과학의 본질을 밝히는 데 한계가 있다.

도구나 기구를 사용하지 않을 경우 과학의 대상과 범위는 더욱 한정된다. 고대의 자연철학자들은 감각적 · 육체적 경험을 바탕으로 질병의 원인을 병원균이 아니라 악마와 악령에 둘 수밖에 없었으며, 지구는 접시처럼 둥글다고 생각할 수밖에 없었다. 우리는 지면과의 마찰 덕분에 자전거를 타고, 자동차를 운전하며, 넘어지지 않고 걸을 수 있다. 그러나 이러한 상황에서 마찰 현상을 직접 확인하기란 쉽지 않다. 또한 자전거를 일정한 속도로 움직이기 위해 일정한 힘으로 페달을 밟은 경험 때문에, 장난감 자동차를 일정한 속도로 움직이려면 일정한 힘을 계속 가해야 한다고 생각하기 쉽다. 특히 어린 학생들이 움직이는 물체에 일정한 힘을 가하면 가속도가 붙는다는 사실을 관찰하거나 확인하기가 어렵고, 그것을 이해하는 것은 더욱 어렵다.

더욱이 인간의 경험은 그 자체로 한계를 지니고 있다. 특히 과학적 탐구 과정에서 겪게 되는 경험은 현상들 사이의 필연적인 관계를 직접 제시하지 못한다. 그러나 인간이 관심을 두는 자연은 인과관계와 같은 결정적이고 필연적인 연관을 통해 이해되는 경우가 더 많다. 이런 분야에서는 단순히 지각적 경험만으로 현상을 이해하려 하면 잘못 알거나 전혀 알지 못하게 된다. 예를 들어 자전거의 손잡이보다 쇠 부분이 더 차갑게 느껴지는 이유에 대해 경험은 기껏해야 상관관계만 보여줄 뿐 그 원인을 정확히 제시하지 못한다. 학생들은 이러한 경험을 통해 부드러운 것은 딱딱한 것보다 더 따뜻하다는, 과학지식과 다른 생각을 갖게 될 뿐 열의 전도도를 지각할 수는 없다. 쇠보다는 나무가, 무명옷보다는 털옷이 더 따뜻하다고 경험한 학생들일지라도 그 이유가 후자의 물질이 아니라 전자의 물질이 열을 더 잘 전달하기 때문이라는 사실은 알지 못한다.

4. 학교의 과학교육과 교과서

현재 각급 학교에서 이루어지는 과학교육은 학생들이 과학적 개념의 의미를 제대로 이해할 수 있도록 돕는 데 일차적인 목적이 있다. 그러나 때로는 오히려 그것을 잘못 파악하게 하는 원인을 제공하기도 한다. 학생들뿐 아니라 과학교사들도 과학 개념을 오인하는 경우가 있으며, 교사가 가지고 있는 오인은 학생들에게 그대로 전달될 가능성이 매우 높다. 과학교사의 교수 방법 또한 학생들이 과학적 개념을 잘못 이해하게 하는 원인이 되기도 한다. 과학교사들은 학생들에게 어떤 내용을 가르칠 때 그것을 충분히 이해시키기 위한 방법으로 특정 용어와 다른 용어의 관계를 강조하거나 반복적으로 사용하는 경향이 있다. 예를 들어 DNA에서 단백질이 형성되는 과정을 설명할 때마다 아미노산이 기본 단위라는 것을 강조하게 된다. 이에 따라 학생들에게 중간시험이나 기말시험을 통해 mRNA가 번역된 산물이 무엇인지 물으면, 많은 학생들이 '아미노산'이라고 대답한다. 통상적으로 이처럼 '아미노산'이라고 틀리게 대답하는 학생들의 수가 아미노산이 결합된 '폴리펩타이드(단백질)'라고 옳게 대답하는 학생들의 수보다 더 많은 경우가 흔하다.

학생들에게는 기체의 무게와 질량, 그리고 부피를 혼동하는 경우가 흔히 나타난다. 이 경우도 각급 학교의 과학 교수-학습 시간에 언급된 용어들 사이의 관계가 잘못 연결된 상황에서 비롯된다. 무게는 물체에 작용하는 중력의 크기, 즉 물체의 무거운 정도를 말하며, 질량은 물체의 고유한 양으로서 그 물체에 작용하는 힘과 그에 의해 생기는 가속도의 비를 뜻한다. 그러나 과학교사들은 학생들이 이 두 용어를 쉽게 이해할 수 있도록 분명하게 구분해 제시하지 않고, 때로는 교사 자신이 오히려 혼용하는 경우도 있다. 그들은 별다른 설명이 없이 무게의 단위로 뉴턴(N)이 아니라 질량의 단위인 킬로그램(kg)을 쓴다.

학생들이 사용하는 과학 교과서도 과학 개념에 대한 오인의 주요한 출처가 된다. 대다수 고등학교 생명과학 교과서에는 특정 유전인자가 우성과 열성을 띠는 대립인자의 형태로 존재한다고 표현되어 있으며, 어떠한 형질도 반드시 두 대립인자 사이의 상호작용을 통해 발현된다고 강조한다. 예를 들어 형질에는 우성과 열성이 있는데, 상동염색체가 우성 유전자와 열성 유전자로 짝을 이룰 때는 우성의 형질이 발현되고, 열성 유전자 둘이 짝을 이룰 때는 열성이 발현된다고 설명한다. 이처럼 생명과학 교과서는 유전 현상을 두 가지의 대립 유전자로만 설명함으로써 학생들이 한 유전자에는 반드시 두 가지의 대립 인자만 존재한다고 오해하게 만드는 원인을 제공한다. 생명과학 교과서에는 또한 혼합설에 따른 중간유전 현상을 설명함으로써 많은 학생들은 혼합설 관점을 통해서 유전과 관련된 문제를 해결하려 한다. 앞 절에서 이미 설명한 전기의 개념도 학생들이 사용하는 교과서를 통해 그 본성을 잘못 이해할 수 있는 개념들 가운데 하나다. 대부분의 중학교 과학 교과서에서는 전류, 전압, 저항의 속성과 그 관계를 학생들이 이해하기 어렵거나 잘못 알기 쉽게 표현하고 있다.

5. 사회적 전통과 문화적 가치

누구나 해가 동쪽에서 떠서 서쪽으로 진다고 당연하게 생각한다. 그러나 이 말은 아리스토텔레스의 천동설에 근거할 때만 의미가 있으며, 지동설에 비추어 본다면 타당하지 않다. 우리는 또한 진심을 말하고 싶을 때 가슴에 손을 댄다. 이는 아리스토텔레스가 정신의 근원으로 생각했던 심장을 가리키는 행위다. 아리스토텔레스의 우주관, 천문학, 생명과학, 철학은 과학혁명을 거쳐 무너질 때까지 2,000여 년 동안 인류의 사고방식을 지배했다. 아리스토텔레스의 권위가 미친 영향은 오늘날에도 남아 있어 과학의 교수-학습과 일상생활에 무시할 수 없는 흔적을 남기고 있다.

이처럼 과학을 배우는 상황에서는 물론 과학자들의 연구에서도 전통적 관습을 벗어나기 어렵고, 당시의 문화적·사회적 가치관을 쉽게 버리기 힘들다. 학생들은 위대한 과학자들을 기리고 그들의 업적을 존경하며, 과학교사들의 권위를 인정하여 그들이 가르치는 내용을 그대로 받아들이고, 과학 교과서에 기술된 내용을 신뢰하며 읽은 의미 그대로 해석하는 학습을 습관화한다. 또한 과학자들도 당시의 패러다임을 과감하게 버리지 못하고, 오히려 그 패러다임을 더욱 정교화하는 데 연구를 집중하는 경우가 많다.

그러나 과학사에 기록되어 있듯이, 아무리 위대한 과학적 업적과 성과라 하더라도 과학과 과학기술이 발달하고 시대가 흐름에 따라 그 진위와 타당성에 대한 평가는 달라질 수 있다. 고대로부터 2,000여 년 동안 인류가 세계를 바라보는 기본 관점이었던 아리스토텔레스의 운동 개념은 갈릴레오에 의해 무너지고 뉴턴의 고전역학으로 대체되었으며, 뉴턴의 고전역학은 다시 아인슈타인의 상대성이론이 등장하면서 그 적용 범위와 설명력에 한계를 드러냈다. 이 점에서 과학자의 업적, 과학교사가 가르치는 내용, 그리고 각종 과학 교과서에 포함된 내용은 절대적인 진리가 될 수 없다. 언제라도 새로운 증거나 관점에 따라 변할 수 있는 잠정적이고 가설적인 것에 불과하다. 그럼에도 불구하고 현행의 과학교육과 과학적 탐구는 그것들이 절대적인 진리로 가정한 채 시행되고 있다. 즉 언젠가는 옳지 않은 것으로 판명될 과학지식을 영원히 변치 않는 지식으로 취급하며, 그에 따라 과학이 교수되고 학습되며, 자연에 대한 탐구가 이루어지고 있는 것이다.